湛庐CHEERS

与最聪明的人共同进化

HERE COMES EVERYBODY

恩斯特·迈尔讲进化

科学大师书系

[美] 恩斯特·迈尔 著
Ernst Mayr
贾晶晶 译

What Evolution Is ?

浙江教育出版社·杭州

向亚里士多德以降的

博物学家们致敬

是他们一直在引导我们认识自然

你对物种进化了解多少?

扫码鉴别正版图书
获取您的专属福利

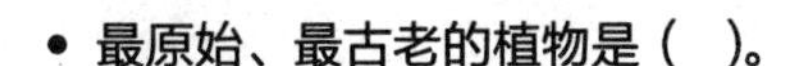

- 最原始、最古老的植物是（ ）。

  A. 苔藓

  B. 藻类

  C. 裸子植物

  D. 被子植物

扫码获取全部测试题及答案，
一起走入物种进化的世界

- 论证物种进化的主要证据是（ ）。

  A. 理论推理

  B. 身体形态

  C. 化石记录

  D. 语言

- 进化的最小单位是（ ）。

  A. 基因

  B. 细胞

  C. 个体

  D. 种群

扫描左侧二维码查看本书更多测试题

推荐序

每个人都应该理解进化

贾雷德·戴蒙德
进化生物学家，《性的进化》作者

进化论是近两个世纪以来人类文明孕育出的最深刻、最伟大的思想。1859 年，达尔文在其《物种起源》一书中第一次详细阐述了进化论。达尔文度过了漫长而多产的一生，他在孩提时代就已全身心投入自然历史研究，他的职业生涯始于他 22 岁时登上英国皇家贝格尔号开启的一次环球生物收集之旅。

自达尔文之后，人们对进化发生的原理理解得越来越深刻。达尔文是一位头脑清晰且思想坚定的作者，也是当时最伟大的生物学家之一，倘若他能活到今天并为我们写作一本描述进化论发展现状的书，可谓当代人的幸事。当然，这是不可能的，因为达尔文先生已于 1882 年去世。但幸运的是，《恩斯特·迈尔讲进化》足以成为继《物种起源》之后进化论领域的又一代表性作品，因为它的作者同样也是当世的一位顶尖生物学家，他与达尔文一样长寿且高产，一样头脑清晰、思想坚定。

为了更加客观地评说恩斯特·迈尔，我将用自己的经历抛砖引玉。1990 年，我在塞克洛普斯山（Cyclops Mountains）进行了第二次鸟类调查。这是一座陡峭、高耸、孤立的山脉，自新几内亚热带岛屿的北部海岸拔地而起。整个调查过程困难重重，充满危险，时不时就有可能从又滑又陡的山路上掉下来，或在茂密的丛林中迷路，经常暴露于寒冷潮湿的环境中，还有可能与我所依赖但有自己计划的当地人发生冲突。好的一点是，那时新几内亚已经被“平定”了许多年，当地部落之间不再相互交战，欧洲游客在当地人眼中也是司空见惯，不再面临可能被谋杀的危险。而前人在 1928 年对塞克洛普斯山进行首次鸟类调查时，这些先决条件都不存在。考虑到 1990 年我参加第二次调查时已经体会到的重重困难，很难想象有人在 1928 年展开的第一次调查中能幸存下来。

1928 年的调查是由当时 23 岁的恩斯特·迈尔带队完成的，那时他刚刚写完动物学博士论文，同时完成了医学院的临床研究，取得了令人瞩目的成果。像达尔文一样，恩斯特从小就热衷于自然历史研究，并引起了柏林动物博物馆著名鸟类学家埃尔温·施特雷泽曼（Erwin Stresemann）的注意。1928 年，施特雷泽曼与纽约美国自然历史博物馆和伦敦附近的罗斯柴尔德勋爵博物馆的鸟类学家一起提出了一个大胆的计划——“清理”新几内亚剩余的悬而未决的鸟类学谜团。他们的目标是追踪神秘的天堂鸟，当时人们对这种鸟类所有的认知都来自当地人收集的标本，欧洲人从未窥见过它们的家园。从未离开过欧洲的恩斯特被选中参加这个艰巨的研究项目。

恩斯特的“清理”工作包括对新几内亚的 5 个重要的北部沿海山区进行彻底的鸟类调查，就算在今天，即使探鸟者及其向导不会再面临被当地土著伏击暗杀的危险，完成这一任务的难度之高仍然令人难以想象。恩斯特设法与当地部落建立了友好的关系，但官方却误以为他被当地土著杀害。他遭遇了疟疾、登革热和痢疾等各种热带疾病的袭击然而幸免于难，他曾沿着瀑布的激流自高空坠落而下，也差点淹死在侧翻的独木舟下。最终，恩斯特成功登顶 5 座山峰，并收集了许多关于鸟类新物种和亚种的信息。尽管他的收藏无比详尽，但这些藏品中竟未曾包含一只神秘的、“失踪”的天堂鸟。这个令人惊讶的结果为施特雷泽曼提供了解开谜团的决定性线索：所有这些形似天堂鸟的鸟都是已知天堂鸟的杂交品种，因此它们十分罕见。

之后恩斯特从新几内亚出发，前往西南太平洋的所罗门群岛。在那里，作为惠特尼南海探险队的一员，他曾参加过对几个岛屿的鸟类调查，包括臭名昭著的马莱塔岛（在那时候，那里甚至比新几内亚还要危险）。1930 年，恩斯特接到一份电报，邀请他前往纽约的美国自然历史博物馆，鉴定惠特尼探险队在数十个太平洋岛屿上收集的数以万计的鸟类标本。论及对视野形成的重要性，达尔文在家中研究藤壶的工作与其在加拉帕戈斯群岛的探访有着同样重要的地位。同样，恩斯特对博物馆鸟类标本的“探索”也与他在新几内亚和所罗门群岛的野外工作同等重要，这些都帮助他获得了对地理变化和进化的独到见解。1953 年，恩斯特从纽约移居到哈佛大学的比较动物学博物馆，在 97 岁高龄仍在工作，仍然每年或每两年写作一本新书。对于研究进化论及生物学历史和哲学的学者来说，恩斯特的数百篇学术性文章和数十本书籍长期以来都是标准的参考著作。

除了从他自己在太平洋的实地工作以及对博物馆鸟类标本的研究中所获颇多之外，恩斯特还与许多其他科学家合作，从苍蝇、开花植物、蜗牛和人以及其他生物的研究中汲取知识。他的其中一次合作甚至改变了我的生活，就像与埃尔温·施特雷泽曼的会面改变了恩斯特的生活一样。当时我还只是一个十几岁的小学生，我的父亲是一名研究人类血型的医生，他与恩斯特合作进行了第一项研究，证明人类血型的进化是自然选择的结果。因此，我在家中的晚宴上见到了恩斯特，后来还有幸接受他的指导，开始鉴定太平洋岛屿上的鸟类。1964 年，我开始了对新几内亚和所罗门群岛的第一次鸟类考察，这类考察共进行了 19 次。1971 年，我开始与恩斯特合作编写一本关于所罗门和俾斯麦群岛鸟类的大型著作，这项工作持续了 30 年，于 2001 年才完成。我的职业生涯恰恰证明了恩斯特如何塑造了 20 世纪的科学家：通过他的想法、他的著作、他的合作、他的鼓励、他作为榜样的力量以及他持续一生的友情。

然而，进化不仅需要被科学家理解，也需要被大众理解。一个人如果不了解进化论，就没有机会了解我们周围的生命世界、人类的独特性、遗传疾病及其可能的治愈方法、转基因农作物及其可能的风险。生命世界的其他方面都没有进化那么引人入胜并且充满谜团。如何解释每个物种对其所选生态位的显著适应？如何解释天堂鸟、蝴蝶和花朵的美？如何解释从 35 亿年前最简单的细菌到恐龙、鲸鱼、兰花和巨型红杉的渐进进化？自然神学家早在数百年前就已经提出了这样的问题，但是除了明智和全能的造物主之外，他们没有找到其他答案。

最终，达尔文认为，迷人的生命世界是通过自然过程从最简单的类细菌生物逐渐进化而来的，他通过提出深思熟虑的进化论来证明自己的观点。最重要的是，他还提出了一种因果关系理论，即自然选择。

尽管在 1859 年之后，“进化是造成生物多样性的原因”这一基本观点几乎立即被广泛接受了，但在接下来的 80 年中，关于进化理论的更多具体方面仍存在争议。在此期间，关于进化变化发生的原因、物种如何起源以及进化是渐进的还是不连续的，人们一直存在分歧。1937 年至 1947 年形成的综合进化论引起了广泛共识，随后几年的分子生物学革命则继续强化了达尔文主义范式及其在生物学家中的影响力。尽管这些年来人们进行了许多尝试来提出相反的理论，但没有一个取得成功：所有的理论尝试最终都被彻底驳倒了。

越来越多的人认识到，达尔文范式不仅对于解释生物进化很重要，而且对于理解我们的整个世界和人类现象也很重要。这导致出版界涌现了大量关于进化的各个方面的出版物。到现在为止，主张反驳神创论支持者的十几种论点集中在为进化事实提供大量证据。现在，专家们可以查阅的三本关于进化生物学的重量级著作，分别是弗图摩、里德利和斯蒂克伯格的著作，这三本著作合起来超过 600 页，极其详细地论述了进化的各个方面。这些书无疑承担了作为进化生物学方面事实和理论教科书的角色。

现有的书籍虽然很不错，但仍然留下了一处空白：我们缺乏一种位于中间水平的关于进化的描述，它不仅为科学家所写，也为受过教育的公众所写，而且书籍应特别着重于对进化现象和过程进行解释。这正是《恩斯特 · 迈尔讲进化》的特色。我们很幸运，恩斯特在为科学家写作了一辈子之后，现在要把他无人可及的经验总结介绍给公众了。每个主要的进化现象都被视为需要解释的问题。恩斯特善于利用失败的历史经验来揭示正确的解决方案。

恩斯特将书分为三个主要部分，这也是本书另外一个显著的特色：一是进化的证据；二是对进化和适应的解释；三是生物多样性的起源和意义。在关于人类进化历史这单独一章中，恩斯特详尽地介绍了人类及其前身（原始人类）的进化过程，通过阅读你会发现人类不过就是“另一群类人猿”。该章包含了一些非常新颖的想法，例如从南方古猿到人属的进化过程中大脑容量快速增长的一个可能的原因，以及利他行为的来源。

那么，本书适合哪些读者呢？你可以说这是一本为每个对进化感兴趣的人，尤其是那些真正想了解进化变化的根本原因的人所写的好书。书中刻意省略了分子生物学最前沿的技术细节，如果想要了解这些，你可以在任何一本进化生物学及现代生物学的教材中找到。对于非生物专业的人而言，《恩斯特·迈尔讲进化》将是一本关于进化论的理想教材。古生物学家和人类学家也会非常喜欢这本书，因其更强调概念和解释。恩斯特清晰的文字可以让任何受过教育的外行人都能理解进化的主题。

近年来，达尔文主义变得异常吸引人，以至于每年都至少会有一本新书的书名中带有“达尔文”一词。《恩斯特·迈尔讲进化》会极大地帮助这些新书的读者评估书中提出的主张。达尔文主义的思想，特别是“变异与选择（淘汰）”的原理广泛应用于社会科学与人文科学领域，而本书无疑是最好的指南。

最后，我想总结一下自己对恩斯特的这本书的看法：任何对进化论有一丁点儿兴趣的人都应该拥有并阅读此书，你们将从中获得丰厚的回报。除此之外，我没有更多关于进化论的好书推荐给你了，没有一本书可以与它相比。

目 录

第三部分 多样性的起源以及进化：分支进化

第四部分 人类的进化

前 言

这是一本进化论入门级读物

进化是生物学中最重要的概念。没有任何一个简单的生物学问题，可以在不考虑进化的情况下得到全面的回答。但是，这一概念的重要性又远远超出了生物学。不论我们是否意识到，现代人类的思想在各个方面都受到进化思想的深刻影响。因此，尽管这是一本大部头的读物，但因其涉及这个重要的主题，也就不足为奇了。

也有人可能会说："现在市面上有关进化的书籍还少吗？"如果完全从出版数量考量，答案还真是不少。尤其优秀的技术文献，对于专门从事进化研究的生物学家来说非常有用。在对抗神创论的"攻击"方面，也有出色的辩护性作品，还有各种各样讨论进化论中的专题的出版物（如行为进化、进化生态学、协同进化、性选择和适应等）。但是它们都不能完全满足我的需求。

本书着重面向三类读者。首先，也是最重要的，它是为那些想了解更多有关进化过程的人（无论是生物学家还是普通读者）而写的。这些读者很清楚进化过程的重要性，但并不确切地了解其工作原理以及如何应对针对达尔文理论的某些攻击。其次，是那些接受进化论的读者，但他们怀疑达尔文的解释是否正确。我希望我能够解答这类读者提出的所有问题。最后，我希望这本书能够被那些想要更多地了解当前进化科学的创造论支持者阅读，尽管其目的仅仅是能够更好地反对进化论。我并不指望使这类读者回转心意，但我想向他或她展示使进化生物学家反对《创世纪》的证据有多么强大。

市面上流行的有关进化的书籍大多具有以下缺点：组织结构差强人意，没有提供简洁、易于阅读的说明；不具备易于教授的特点，想了解诸如进化这类难题，最好的切入点莫过于采取提问与回答的形式；几乎所有的书都铺垫了太多的笔墨在进化论的某些特点上，例如变异的遗传基础和性别比例的影响。这些书籍无疑都技术性太强，并且使用了太多的专业用语。当前的所有主要进化论著作，约有四分之一的内容专门在讲遗传学。我同意必须彻底解释遗传学原理，但是不需要浪费那么多笔墨在孟德尔定律上，也不应在争论或反对过时的主张上浪费纸张，例如把基因列为选择的对象，或者是对极端重演率的驳斥（本体论再现或重复的系统发育）。这些著作中的一些文本没有对不同种类的自然选择进行全面的分析，尤其是对繁殖成功的选择。

现有的大多数有关进化的著作还都有另外两点不足。首先，他们没有指出，几乎所有的进化现象都可以归结为两个主要进化过程中的一个：即适应的获得和维持，以及生物多样性的起源和作用。尽管两者同时发生，但必须对它们分别进行分析，以全面了解其在进化中所扮演的角色。

其次，大多数进化论著作都以还原论的方式写成，其中所有进化现象都被归因到基因的水平，然后尝试通过“向上”推理来解释更高层次的进化过程。这种方法注定是要失败的。进化涉及个体、种群和物种的表型，却唯独不是“基因频率的变化”。进化中两个最重要的单元是个体——选择的主要对象，以及种群——多样性发展的阶段。这些将是我主要的分析对象。

你会惊奇地发现，一个试图解决特定进化问题的人常常会绕到失败的老路上来，就像进化生物学的整个历史一样。我们得记住，我们目前对进化的理解是历经 250 年的深入科学研究的成果。任何试图解决进化理论难题的个人都可以通过前人总结的经验按照步骤开展并接近答案。正是出于这种教学上的原因，我经常详细地介绍解决具有挑战性问题的历史过程。在本书最后，我特别讲述了人类的进化，并讨论了我们对进化的理解加深会在多大程度上影响现代人类的观念和价值观。

我想要写的是一本入门级读物，它强调原理但也不会有失于细节。我试图消除误解，但不会过多着墨于短暂的争议，例如间断平衡或中性进化的意义。而且，我不认为有必要继续提供支持证明进化论的证据。进化正在发生的理论已经非常成熟，早就被广泛接受，不再需要详尽的证据说明。而且，它无论如何都无法说服那些根本不想被说服的人。

WHAT EVOLUTION IS

第一部分

进化是什么

01　我们生活的世界

面对未知或是令人迷惑的现象，人类总是急于做出解释。早在原始部落的民间传说里，就有当时人们对世界的起源及其过往历史的思考。比如：谁或者什么创造了这个世界？未来会变得怎样？人类是如何起源的？关于这些问题，部落神话给出了许多原始而朴素的解答。在多数情况下，人们认为物理世界的存在是理所当然的，并相信它一直就是这个样子，而不去关心其来龙去脉。不过，在自身的起源问题上，人类的想象力显然要丰富多彩得多，人们编出了各种各样的故事。

后来，一些宗教创立者和哲学家也试图解

答这些问题。答案基本上可以分为三类：第一，世界是一种永恒的存在；第二，世界是一种短暂但恒定不变的存在；第三，这个世界是不断进化的。

永恒存在的世界。

希腊哲学家亚里士多德认为，世界是永恒存在的。有些哲学家认为，这个永恒的世界从未发生过改变，也就是恒定不变的。还有一些人认为，世界在经历不同的阶段（“循环”），但最终又会回到原点。不过，人们普遍对这种“永恒存在的世界”的观点抱有疑问。万物有始，人们迫切地想要知道世界的起源问题。

短暂但恒定不变的世界。

这种观点来自基督教。从中世纪直至 19 世纪中期，这种观点在西方很盛行。它基于这种信仰：有一种超自然的存在，一个全知全能的上帝，是上帝创造了包括人类在内的整个世界。有两个故事专门描述了上帝是如何创造世界的。

这种认为世界是由全知全能的上帝所创的观点被称为神创论。笃信这种观点的人相信，上帝设计了万事万物，使一切尽善尽美，所有的动植物都能完美地适应彼此以及各自的生活环境。这种秩序从世界创造伊始就已存在，并且从未发生改变。这种观点完全是根据《圣经》写作时已知的事实推导出来的。当时的神学家根据《圣经》中记载的谱系关系，推算出世界的诞生时间——公元前4004年，距今只有6 000多年。

神创论的观点与许多科学的发现是互相矛盾的，这引发了神创论者和进化论者之间的长久争论。《恩斯特·迈尔讲进化》这本书并不旨在平息他们之间的争论。在进化讲堂1-1中，笔者列出了相关的文献，供有兴趣的读者参考。

进化讲堂 1-1
What Evolution Is

关于反神创论的书籍

1.Berra, Tim M. 1990. *Evolution and the Myth of Creationism*. Stanford: Stanford University Press.

2.Eldredge, Niles. 2000. *The Triumph of Evolution and the Failure of Creationism*. New York: W. H. Freeman.

3.Futuyma, Douglas J. 1983. *Science on Trial: The Case for Evolution*. New York: Pantheon Books.

4.Kitcher, Philip. 1982. *Abusing Science: The Case Against Creationism*. Cambridge, Mass.: MIT Press.

5.Montagu, Ashley (ed.). 1983. *Science and Creationism*.

New York: Oxford University Press.

6.Newell, Norman D. 1982. *Creation and Evolution: Myth or Reality?* New York: Columbia University Press.

7.Peacocke, A. R. 1979. *Creation and the World of Science*. Oxford: Clarendon Press.

8.Ruse, Michael. 1982. *Darwinism Defended*. Reading, Mass.: Addison-Wesley.

9.Young, Willard. 1985. *Fallacies of Creationism*. Calgary, Alberta, Canada: Detrelig Enterprises.

事实上，世界各地的民间传说中都有相似的创世故事。这些故事满足了人们对世界和自身起源等一些深刻问题的迫切追问。自有人类文明以来，人们就提出了这些问题。这些神话故事流传至今，成为人类宝贵的文化遗产。不过，我们若想真正了解这个世界的进化史，就应该求助于科学。

进化论的兴起

自 17 世纪科学革命起，人们发现，越来越多的科学发现与《圣经》中的创世故事相矛盾。之后一系列的发现逐渐削弱了《圣经》故事的可信度。“哥白尼学说”使人们第一次意识到，《圣经》并非句句都是真理。科学的兴盛始于天文学，在当时，这是一门研究太阳、恒星、行星以及其他物理现象的学科。显然，早期的一些科学实践者迫切地想要为许多物理现象找到合理的解释。

科学发现也带来了一些新问题。17 ～ 18 世纪的地质学研究表明，地球的年龄远远超过了 6 000 年，而灭绝物种化石的发现动摇了人们关于世界是恒定不变的观点。尽管越来越多的证据证明我们身处的世界既不恒定，也不是 6 000 年前才出现的，尽管科学家和哲学家不断质疑《圣经》故事的真实性，尽管自然学家让－巴伯蒂斯塔·德·拉马克（Jean-Baptiste de Lamarck）早在 1809 年就提出了非常系统的进化理论，但是直到 1859 年以前，多数人秉持的仍是基于《圣经》的世界观，这当中不仅有教育水平有限的普通大众，还包括许多自然科学家和哲学家。他们简单地相信，神创造了这个世界及其秩序，万事万物因而可以完美地和谐共存。

在这个与主流观点相矛盾的证据被频繁发现的过渡时期，人们做了许多妥协的尝试，以弥合矛盾，其中一种尝试就是提出了“自然阶梯”的观点，也被称为“生命巨链”（见图 1-1）。这种观点认为，世界上的所有生物和非生物都已被预先排序，排列在一个由低级至高级的巨大等级链上。最底层由无生命的物质组成，诸如岩石和矿物，往上一层是地衣、苔藓和植物，接着是珊瑚以及其他低等动物，再然后是高等动物，进入哺乳动物的层级之后，便是灵长类，而人类就处在巨链的顶端。自然阶梯被认为是恒定不变的，反映了造物主用划分等级的方法来保证万物和谐共处的主张。

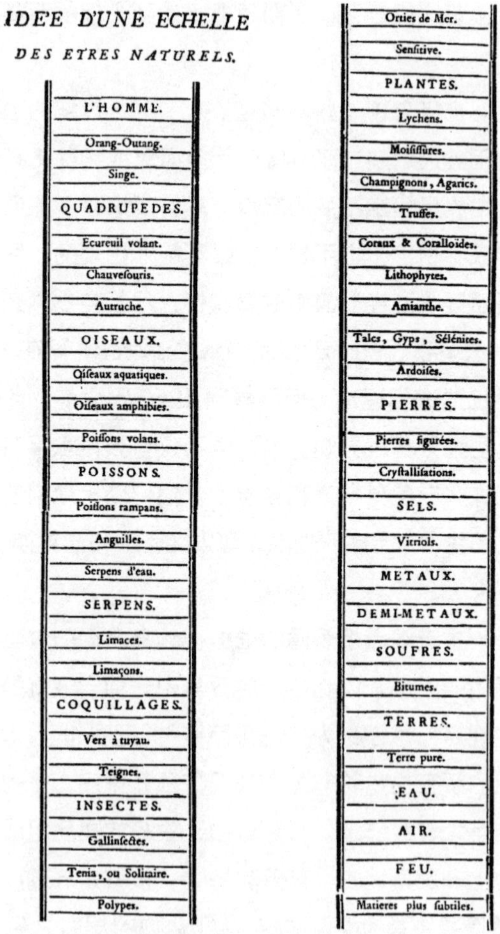

IDÉE D'UNE ECHELLE

DES ETRES NATURELS.

L'HOMME.
Orang-Outang.
Singe.
QUADRUPEDES.
Ecureuil volant.
Chauveſouris.
Autruche.
OISEAUX.
Oiſeaux aquatiques.
Oiſeaux amphibies.
Poiſſons volans.
POISSONS.
Poiſſons rampans.
Anguilles.
Serpens d'eau.
SERPENS.
Limaces.
Limaçons.
COQUILLAGES.
Vers à tuyau.
Teignes.
INSECTES.
Gallinſectes.
Tenia, ou Solitaire.
Polypes.
Orties de Mer.
Senſitive.
PLANTES.
Lychens.
Moiſiſſures.
Champignons, Agarics.
Truffes.
Coraux & Coralloïdes.
Lithophytes.
Amianthe.
Talcs, Gyps, Sélénites.
Ardoiſes.
PIERRES.
Pierres figurées.
Cryſtalliſations.
SELS.
Vitriols.
METAUX.
DEMI-METAUX.
SOUFRES.
Bitumes.
TERRES.
Terre pure.
EAU.
AIR.
FEU.
Matieres plus ſubtiles.

图 1-1　生命巨链

注：从不同的物质到动物，再到人类，地球上的每种形态都处于一种连续的、线性的“巨链”或自然阶梯。本图表示的是查尔斯·邦尼特（Charles Bonnet）关于这条巨链的概念。

随着更多证据的出现，人们不再相信这个世界是恒定不变的，而认为世界是不断发展变化的。于是就出现了第三种世界观。

不断进化的世界。

根据第三种观点，这个世界的存在亘古而久远，并且一直处于变化之中。对于当时的西方人来说，这种观点还很陌生，我们对此可能会感到有些不可思议。由于基督教基本教义影响很大，受众广泛，进化论在经历了 17、18 两个世纪的漫长发展之后才被广泛接受。

从科学的角度来说，进化论的普及意味着，人们不再认为这个世界仅仅是由简单的物理定律支配的，而是认识到世界有着自己的进化历史，而且更为重要的是，它会随着时间的变化而变化。逐渐地，人们开始用“进化”这个词来代表这种变化过程。

发生了什么样的改变

世界万物都处于连续的变化之中。有些变化很有规律。例如，由地球自转造成的昼夜交替就是一种很有规律的周期性变化，类似的还有月球绕地球公转引起的潮汐现象，以及地球绕太阳公转引起的季节变化。有些变化是没有规律可言的。例如，地球板块构造运动、每年冬天寒冷程度的不同以及非季节性的天气变化（诸如厄尔尼诺现象，冰川期等），甚至包括某个国家的经济繁荣期等。没有规律的变化大多难以预测，这是因为它们受各种随机过程的影响。

然而，有一种变化似乎不仅具有连续性，而且带有一定的方向性。这种变化我们称为“进化”。早在 18 世纪，越来越多的人开始意识到，世界并不像创世故事描述的那样是静态的，而是不断进化的。后来人们意识到，可以将静态的自然阶梯转换为一种生物学上的阶梯，方向是从低阶到高阶，最低层是最低等的简单生物，向上为高等的复杂生物，直至人类。正如绝大部分生命个体都经历了从单细胞的受精卵向成熟的复杂个体发育的过程，人们开始相信，有机世界作为一个整体，也经历了从简单的生命个体向复杂的生命个体发展的过程，直到人类出现在最高点上。第一个提出这一观点的人是法国博物学家拉马克，当时甚至有人用“进化”一词来描述生命世界的发展过程，而查尔斯·邦尼特最初只是用这个词来形容受精卵的发育过程。当时人们认为，进化是一个从简单到复杂、从低等到高等的发展过程。事实上，进化是一种具有方向性的变化过程，这个方向性不仅指从简单到复杂或者从低等到高等，还指追求与自身之外的环境之间的完美契合。在那个年代，人们就已经意识到，进化既不同于像四季轮回那样的周期性变化，也不同于譬如冰川期或者气候那样的无规律变化。

然而，在这个丰富多彩的生物世界，究竟是什么在不断地进化呢？这个问题被抛出伊始，就引发了强烈的争论，即使达尔文早就知晓了答案。最终，在综合进化论时期，人们才达成共识：进化是指随着时间的变化，生物群体的特征历经的变化。也就是说，生物群体是进化的基本单位。虽然基因、个体和物种在进化中也起到了一定的作用，但只有生物群体的共性发生的变化才代表了生物的进化。

一度有人提出，进化论与热力学定律相悖，进化促使生物世界朝着有序的方向发展，而根据热力学第二定律，进化过程应当使生物世界更趋向于无序。事实上，二者并不矛盾，因为热力学定律只适用于封闭系统，而群体的进化过程发生在开放系统，在这种系统中，生物群体获得的有序性是以太阳提供的能源以及牺牲环境原本的有序性为代价的。

18 世纪下半叶至 19 世纪上半叶，进化的思想开始普及开来，其影响不仅限于生物学，还包括语言学、哲学、社会学、经济学以及其他思想领域。然而，在很长一段时间里，它只是一种小众的思想。真正将进化的思想推向舞台中央的是 1859 年发生的一件大事——是年 11 月 24 日，达尔文所著的《物种起源》一书正式出版。

达尔文与达尔文主义

这一事件恐怕是人类历史上最伟大的知识革命。它不仅挑战了

“世界是短暂但恒定不变的”这一观念，而且促使人们开始思考生物世界显现出的惊人的适应性的根源，更令人震惊的是，它直接挑战了人类在生物世界占据着独特地位的思想。达尔文不仅提出了进化的观点，还提供大量证据进行了诠释。他对进化的诠释不依赖于任何超自然的力量或因素，而是运用大量日常生活中耳熟能详、极易被观察到的现象来解释进化是如何发生的。事实上，除了提出进化论，达尔文还提出了关于进化如何发生以及为什么发生的四个理论。无怪乎《物种起源》一经出版就引发了山崩海啸般的轰动。它如入无人之境，仅凭一己之力将科学从宗教中分离出来，使其成为真正的科学。

查尔斯·达尔文出生于1809年2月12日，是英国一座小城镇一名医生的次子（见图1-2）。从孩提时代开始，达尔文就是一个满怀热情的博物学爱好者，尤其对甲虫表现出了浓烈的兴趣。

起初，他顺从父亲的愿望，在爱丁堡学习了几年医学，但他对学医有些畏惧，尤其害怕做手术，于是他后来彻底放弃了医学。之后，家人决定让他学做牧师。在当时，对于一名年轻的博物学家来说，这是一条完美的职业道路，因为那个年代几乎所有著名的博物学研究者的正式职位都是牧师。尽管达尔文专注地阅读了所有的经典作品与神学著作，但他所有的兴趣点仍在博物学上。当他获得剑桥大学基督学院的学位之后，通过剑桥大学一位老师的引荐，他受邀登上了贝格尔号海军勘测船，这次航海的任务是对南美洲的海岸尤其是港湾进行勘察。贝格尔号于 1831 年 12 月底驶离英国。在之后 5 年的航行中，达尔文与船长罗伯特·费茨罗伊（Robert Fitzroy）住在一起。在“贝格尔”号勘察南美洲东边的巴塔哥尼亚海岸、麦哲伦海峡和部分西边海岸的邻近岛屿的过程中，达尔文充分考察了南美大陆和邻近岛屿上的生物群。行程结束时，他不仅采集了大量与博物学有关的标本，更重要的是，针对各个岛屿及其生物群的进化历史，他提出了很多有价值的问题。这些都成为日后他提出进化论的基石。

图 1-2 年轻时的达尔文画像

注：达尔文 29 岁时，这是他智力创造的巅峰时期。图片来源：Negative no. 326694, Courtesy the Library, American Museum of Natural History.

1836 年 10 月，达尔文返回英国后，花了大量时间研究所采集的标本，并且发表了许多重要研究成果。几年之后，他与表姐艾玛结为夫妻，艾玛的父亲维奇伍德（Wedgwood）是一位著名的陶器师。达尔文夫妇在伦敦近郊买了一栋房子，也就是后来众所周知的“塘屋”（Down House），并一直居住在那里，直到 1882 年 4 月 12 日 73 岁的达尔文离开这个世界。正是在这所房子里，达尔文完成了他所有重要的文章和著作。

到底是什么成就了达尔文，使他做出知识上的创新，成为科学巨匠？首先，他具有极其敏锐的观察力，永远充满好奇心。他不轻信任何事情，喜欢对所有事情穷根究底。为什么海岛上的生物群落与相距最近的大陆上的生物群落之间差异很大？物种是如何起源的？为什么巴塔哥尼亚地区的生物化石与该地现存的生物如此相似？为什么群岛的每一个岛屿上都孕育出了独特的本地物种，并且不同岛屿上物种之间的相似性远远大于相距甚远地区的相关物种？正是达尔文这种能够观察到有趣的现象，并提出专业问题的能力，才使其获得许多重大科学发现，提出许多新概念。

达尔文清楚地认识到，进化分两个方面。一种是沿着线性谱系“向上”的变动，这是一种从祖先到后代分支的逐渐变化过程，称为级进进化（anagenesis，也称前进进化）。另外一种则是与既有线性谱系逐渐分离，或者说从进化树上分支形成新物种，这种生物多样性的产生过程被称为分支进化（cladogenesis）。分支进化大多始于物种形成事件，随着时间的推移，新的进化支与祖先之间的差异会不断增加，直到成为种系树上另外一个重要分支。分支进化是宏观进化研究中的一个重要课题。在一定程度上，级进进化和分支进化是两个互相独立的过程（Mayr，1991）。

虽然 19 世纪 60 年代一些博学的生物学家和地质学家已经承认了进化的事实，但是他们并不认同达尔文关于进化如何发生以及为何发生的解释，我们会在后文一一讲述这些内容。在这之前，我们先来看看自 1859 年以来出现的支持进化论的证据。

02　关于进化的证据

在达尔文之前，也出现过一些关于进化的思想，但都昙花一现，影响甚微。尽管当时有些地质学家、生物学家、文学家以及哲学家已经接受了进化论，但大众普遍相信的还是那些流传已久的创世故事，甚至连当时的许多科学家和哲学家也对之深信不疑。直到 1859 年达尔文的《物种起源》一书出版，这一切似乎在一夜之间发生了颠覆。尽管在该书出版之后的 80 年里，人们围绕着达尔文提供的解释性证据展开了激烈的争论，但在 1859 年之后的短短几年里，人们普遍接受了世界是不断进化的结论。

到了 19 世纪，进化论仍然停留在理论层面。人们起初认为进化论只是一种猜想。自 1859 年开始，人们发现了越来越多与进化论相符的事实，进化论终于被广泛接受。在海量的证据面前，人们认识到它不仅是一种理论。事实上，与“日心说”一样，进化论也得到了大量的实证支持，因此也应该像“日心说”一样作为事实被接受。本章将展示一些促使科学家相信进化论的证据，这些证据证明了进化的真实性，也促使那些至今仍质疑进化论的人反省自己的观点。

进化是一个历史过程，证明纯物理现象或者功能现象所用的参数和方法无法证明进化发生的事实。整个进化，以及对特定进化事件的解释，必须从观察中推断出来。这些推论随后要经过新观察结果一遍又一遍地检验，经过这些检验，之前的推论要么被否定，要么可信度增强。就目前而言，所有有关进化的推论都成功地经受住了各种检验，因此人们将这些推论当作确定的结果来接受。

进化论的证据都有什么

现在关于进化论的证据可谓层出不穷，让人应接不暇。弗图摩（Futuyma，1983，1998）、里德利（Ridley，1996）和斯蒂克伯格（Strickberger，1996）的著作以及第 1 章提到的反神创论者的文献中都有大量详尽的证据。我本人的关注点则在于现有的可以证明进化确实发生的证据。通过这些证据，我们可以看到，从生物学各个分支学科中得出的结论都一致地表明，进化论是正确的。根据这些证据，进化论以外的任何结论都是说不通的。

化石记录

证明进化发生的最强有力的证据是古老地质层中发现的已灭绝物种的化石。过去某一特定地质时期生活过的生物群的遗留物或多或少会以化石的形式被保留下来，并沉淀在特定的地质层当中。更古老的地质层里往往含有地质年代晚一些生物群的祖先。地质年代距离现在最近的地层中所发现的化石与现存的物种很相似，有的甚至难以分辨。化石所在的地层越古老，说明其中包含的物种出现的时间越早，它们与现存的物种之间的差异就会越大。根据达尔文的推断，晚期地质层中出现的动植物是从更远古的地质层中的祖先物种进化而来的。

如果进化是事实，那么从远古物种到后代物种的逐级进化过程就会被化石记录下来。这个推论与古生物学家的发现恰恰相反：几乎有化石记录的连续谱系中都存在间断现象。很多新生物模式突然地出现在某个地质年代，但在更早一些的地质层当中却没有发现它们直接祖先的化石。几乎没有物种的进化过程被化石完整地记录下来。事实上，化石记录显示的正是进化过程的间断性，可以将它看作从某个生物模式到全新生物模式的跳跃进化（骤变）记录。这就出现了一个令人备感困惑的问题：为什么化石没有记录物种连续的进化过程呢？

就上述问题，达尔文一生坚持认为，这种现象源自化石记录的不完备性。每个地质年代的物种只有一小部分物种由于特殊的机缘变成化石保存下来。在通常情况下，含有化石的地质层都受到了地壳运动的影响，要么下沉，要么被毁坏。还有一些化石地质层遭到严重的扭曲、挤压、形变，甚至被销蚀。只有很少数化石地质层可以幸运地躲过地壳运动的影响，完整地呈现在地球表面。此外，生物变成化石的概率极低，大多数动植物的遗骸在变成化石之前都被蚕食或者分解了。只有在某些特定的自然条件下，比如发生了地震或者火山喷发，刚死的生物立即被埋在地下，经过漫长岁月的锤炼，才有可能石化。因此，通过化石来研究物种的进化不太可靠，其根本原因在于化石记录的不完备性。不过幸运的是，偶尔能发现完整的化石，它们可以填补远古物种与其近现代后代之间的空隙。始祖鸟就是一个典型的例证。这是一种生活在上侏罗纪时期（1.45 亿年前）的原始鸟类，其化石骨骼上的牙齿和长尾清晰可见，上面还有一些爬行类祖先的特征，而它们的大脑、眼睛、羽毛、翅膀跟现存的鸟类很相似。这类能够填补物种进化史上的空隙的化石也被称为“缺失的环节”。1861 年，始祖鸟化石的发现振奋人心，因为在此之前，解剖学家已经得出鸟类起源于爬行类祖先的结论，而始祖鸟化石的发现正好证实了这一点。

有一些种系的化石也保存得比较完整，比如，从兽孔目爬行动物到哺乳动物之间的进化过程（见图 2-1）。其中很多化石记录了爬行动物和哺乳动物之间的过渡物种，这些物种的界限非常模糊，它们似乎既不是爬行动物，也不是哺乳动物。

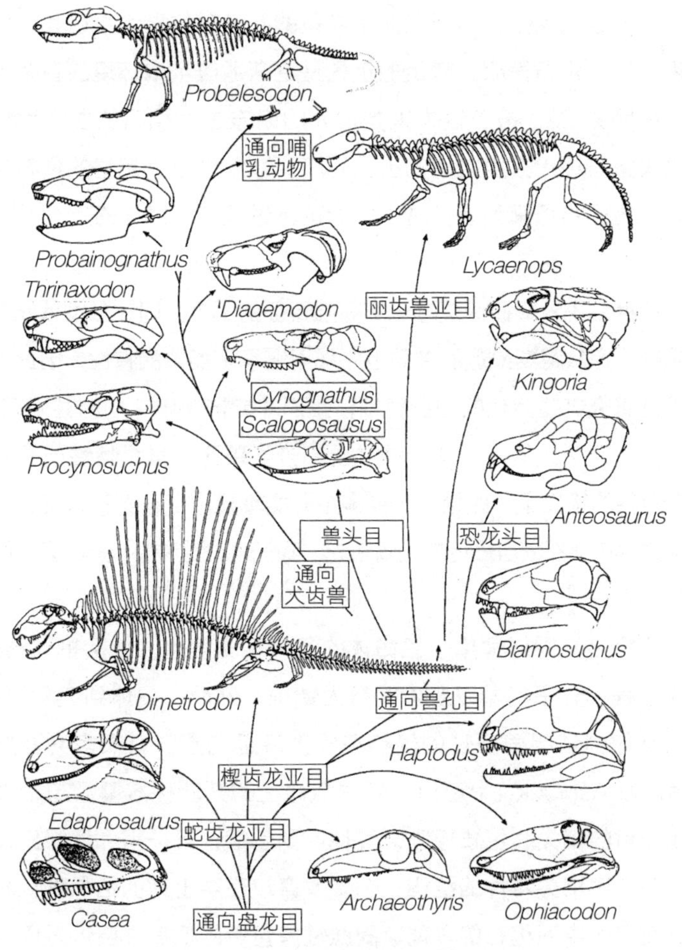

图 2-1 下孔类爬行动物的进化

注：由犬齿动物过渡到最早的哺乳动物。图中未译出部分为物种的拉丁文名。图片来源：Ridley, M. (1993). *Evolution*. Blackwell Scientific: Boston, p. 535. Reprinted by permission of Blackwell Science, Inc.

另一组有完整化石记录的是鲸鱼的陆生祖先和水生后代之间的进化过程。化石表明，鲸鱼的祖先是逐渐适应了水环境的有蹄类动物（见图 2-2）。被公认为人类祖先的南方古猿化石的发现也填补了类人猿与现代人类之间的进化间断。迄今为止最完整的化石记录是远古祖先始祖马到现代马之间的进化过程（见图 2-3）。

这种系统发育研究是基于对同源特征的研究。同一分类单元的所有成员一定从距离最近的共同祖先那里继承了类似的特性，因此，只有通过研究这些后代的同源特征，我们才能推断出它们的共同谱系。然而，我们又如何确定两个种或更高分类单元的某个特性是否同源呢？同源的定义是：如果两个或多个分类单元中存在某种特征，且能证明这种特征都来自最近的共同祖先，我们就说这种特征具有同源性。

这个定义同样适用于生命体的各个观测层级，包括机体结构、生理过程、分子构象以及宏观行为特征。然而，具体到实例当中，我们又如何证明同源性的确存在呢？幸运的是，有很多判断原则（Mayr & Ashlock，1991）。机体结构上的判断标准遵循与相邻结构或器官的相关联位置原则。其他原则包括：某一祖先层级出现的连接两个不相关特性的结构；个体发育过程中出现的相似性；起到过渡作用的中间化石的发现。同源性最直接的证据来自近些年来迅速发展的分子生物学。这些研究为几乎所有动物高级分类单元的亲缘关系提供了可靠证据，在重建植物高级分类单元亲缘关系上也取得了迅速发展。根据达尔文分类，一个分类单元中的生物都源自共同祖先，因此也被称为单系。

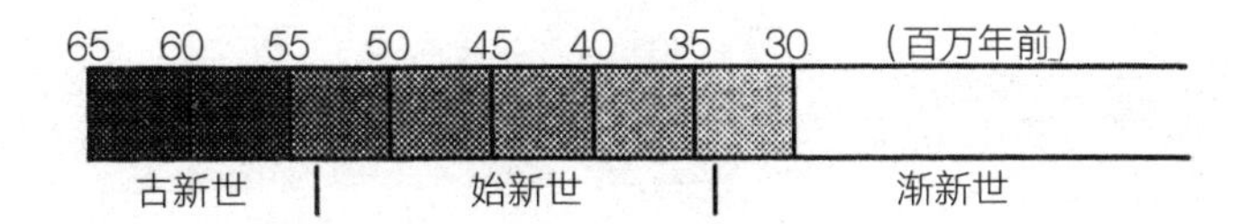

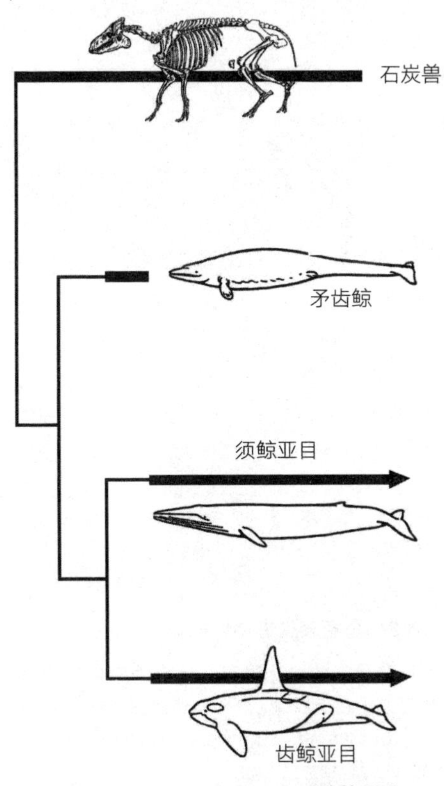

图 2-2 鲸的进化

注：现有的化石证明，鲸起源自始新世的偶蹄目有蹄类动物。图片来源：图中信息有多个来源，特别是菲利普·金格里奇个人提供的信息。

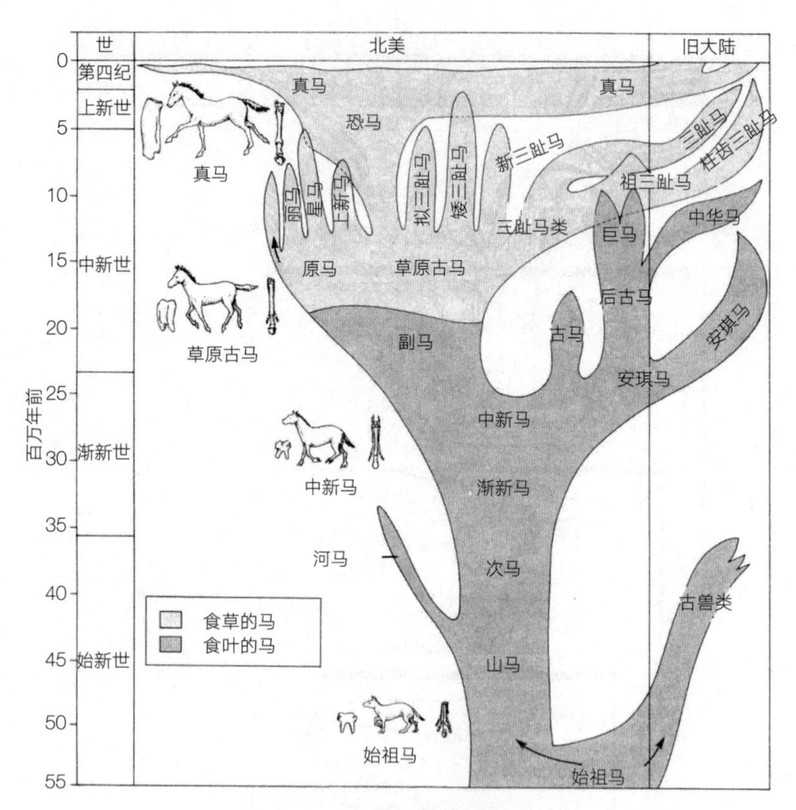

图 2-3　马家族的进化过程

注：从始新世的始祖马到现代马的进化过程。包括中新世各种类型的马的起源、繁荣以及灭绝。图片来源：Strickberger, Monroe, W., *Evolution*, 1990, Jones and Bartlett, Publishers, Sudbury, MA. www. jbpun. com. Reprinted with permission.

化石证据的可靠性在于，其显示的化石生物出现的地质年代与通过其他技术手段得出的结论一致。以现代哺乳动物为例，在古新世（6 000 万年前）之初的阿尔瓦雷兹灭绝事件之后，它们才开始进化。因此，距今 1 亿～ 2 亿年的地质层中不会有现代哺乳动物的残骸。事实确实如此。

我们再来看看长颈鹿，它起源于距今 3 000 万年的第三纪。如果在距今 6 000 万年的古新世地质层中发现长颈鹿的化石，那将喻示着迄今为止我们所有的计算和结论都是错误的。幸好，没有发现它们的化石。

在很长一段时间里，对化石所属年代的推断大多基于猜测。自从发现放射性元素之后，通过测量放射性同位素的衰变，研究人员可以更精确地计算某一地质层所属的年代，尤其出现在化石沉积物之中的岩浆和其他火山沉积物的年代，见进化讲堂 2-1。

碳元素年代测定法可以用于测量较近地质层的地质年代。现在只要知道化石的地质层，我们就可以精准地测算它们的年代（见图 2-4）。在 21 世纪之际，被精准地确定的化石记录是证明进化事实的最可靠方法。

宇	代	时间		世	年代（百万年）	生命形式
显生宙	新生代	第四纪		全新世		
				更新世		
		第三纪	新第三纪	上新世	1.8	最早的人属
				中新世	5.2	
			古第三纪	渐新世	23.8	最早的猿
				始新世	33.5	最早的鲸 最早的马
				古新世	55.6	恐龙灭绝
	中生代	白垩纪		晚期	65	
				早期	98.9	最早的胎盘类哺乳动物
		侏罗纪		晚期	144	最早的鸟类
				中期	160	
				早期	180	
		三叠纪		晚期	206 228	最早的哺乳动物 最早的恐龙
				中期		
				早期	251	
	古生代	二叠纪				最早似哺乳类的爬行类
		石炭纪	宾夕法尼亚纪		290	
			密西西比亚纪			最早的爬行类 最早的两栖类
		泥盆纪			353.7	最早的昆虫
		志留纪			408.5 439	最早的陆生植物 最早的有颌鱼
		奥陶纪			495	
		寒武纪			543	最早的有壳生物 最早的多细胞生物
元古宙					2 500	
太古宙					3 600	最早的细菌 生命起源？
冥古宙					4 600	最古老的岩石 地球的形成

图 2-4　各类动植物化石的地质年代

注：前寒武纪的时间范围是从生命起源（约 38 亿年前）到寒武纪开始（约 5.43 亿年前）。新发现的化石经常会促使研究者修正更高分类阶元出现的最早日期。数据来源：*Evolutionary Analysis* 2nd ed. by Freeman/Herron, copyright © 1997. Reprinted by permission of Pearson Education, Inc., Upper Saddle River, NJ.

进化讲堂 2-1
What Evolution Is

放射性钟

某些岩石，尤其是火山喷发形成的火山岩（例如熔岩流），含有放射性元素，比如钾、铀和钍等。每一种矿物质都以特定的速率发生衰变，物理学家已经确定了它们的半衰期。例如，铀 238 的半衰期为 45 亿年，它在衰变的过程中会产生铅 206。因此，可以根据铀和铅的比例计算出某一类岩石的年龄。像沉积岩这类不含放射性元素的岩石，它的年代可以根据其相对于可测定地层的位置来确定。

分支进化与共同祖先

自然阶梯是一种从低等到高等的线性演变过程，根据拉马克的进化观点，每一个层级都起源于一种突然出现的单细胞生物。在进化的过程中，它们的后代变得越来越复杂和完美。事实上，达尔文之前的进化论者都认为谱系的进化是直线型的（详见第 4 章）。达尔文的主要贡献之一就是提出了分支进化理论以及详尽的阐释。

说到分支进化理论的起源，就要从达尔文在加拉帕戈斯群岛上对鸟类的观察说起。加拉帕戈斯群岛实际上是海底火山隆起形成的数座山峰，这个群岛与包括南美大陆在内的所有陆地板块都不接壤，岛上生活的所有动植物群落都是通过跨海域迁徙来到这里的。达尔文知道南美大陆只生活着一种嘲鸫，但他在加拉帕戈斯群岛的三个岛屿上各发现了一种不同种类的嘲鸫（见图 2-5）。于是，他做出如下总结：通过分支进化，南美大陆的一种嘲鸫在加拉帕戈斯群岛的三个岛屿上发展出了三种不同的物种。之后，他又大胆地推断，世界上所有种类的嘲鸫应该都来自同一祖先，因为它们之间的相似度太高了。嘲鸫和它的近亲，包括鸫鸟和猫鹊，都有可能来自同一祖先。

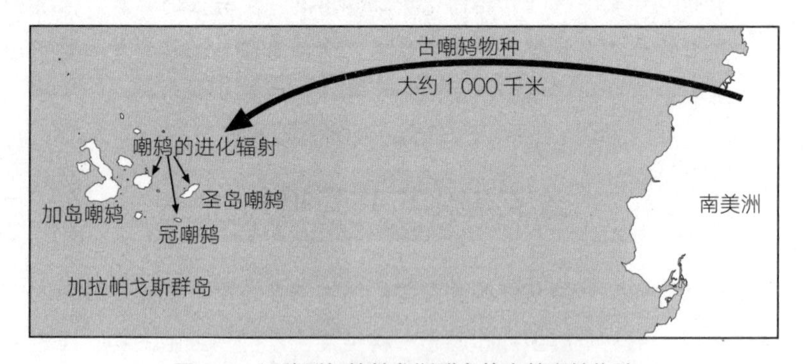

图 2-5 迁移到加拉帕戈斯群岛的南美嘲鸫物种

注：南美的嘲鸫物种迁移到加拉帕戈斯群岛，后来进化成三种本地物种。

根据这一系列推理，达尔文最终得出一个大胆的结论：世界上的所有生物都可以追溯至同一祖先，而且，地球上所有的生物都很有可能源于同一个单细胞个体。他曾这样写道：“生命是一个恢宏壮丽的历程，起初，生命及其一些能力只被赋予了少数或者一种生物，之后又从这个非常简单的起点开始，进化出了无数美丽而神奇的生命，而且，这些生命仍然处于进化当中。”（1959：490）正如我们即将向读者揭示的，许多研究结果基于不同的实例证明了达尔文猜想的可信度，现在人们将其称为“共同祖先”理论。

古生物学家、遗传学家和哲学家一直很想弄明白：造成共同祖先现象的分支进化是如何发生的？分类学家给出了这样的解释：成种事件，尤其是地理成种事件促使了分支进化的发生（参见第9章）。

共同祖先理论解决了自然史上一个长久以来悬而未决的难题。事实上，人们很早之前就发现了一个显而易见的矛盾：一方面，生命呈现出了浩如烟海般的多样性，而另一方面，某些物种之间拥有共同的特征。例如，虽然我们将青蛙、蛇类、鸟类和哺乳动物归为不同的物种，但这些属于不同脊椎动物纲的动物的解剖结构十分类似，而它们与昆虫之间的差异又非常巨大。共同祖先理论解答了这一谜题。一些生物之所以具有一系列共同特征，是因为它们源于同一祖先，即便各自存在些许差异。它们的相似之处源于它们的共同祖先，而它们之间的差异性是通过祖先谱系分离这一过程获得的。

如何证实共同祖先理论

化石记录为共同祖先理论提供了充足的证据。例如，在第三纪的地质层中，我们可以找到狗和熊的共同祖先的化石，而在比这更早一点儿的地质层中，我们找到了狗和猫的共同祖先的化石。事实上，地质学家已经证实，所有的食肉动物都来自同一祖先。包括啮齿类动物、有蹄类动物以及其他所有哺乳类动物也都有共同祖先。事实上，共同祖先的理论也适用于鸟类、爬行动物、鱼类、昆虫类以及其他所有生物类别。

早在 1859 年以前，动物学家就已经能够构建出详尽完整的动物分类系统。但到现在还困扰人们的问题是：为何会存在这种等级体系？达尔文提出的共同祖先理论可以合理地解释这个问题。所有同属的物种都有最近的共同祖先，同科物种或者更高阶元中的所有物种也是如此。拥有共同祖先正是一个分类单元具有相似性的原因。

形态相似性 除了化石记录，解剖学研究也为共同祖先理论提供了有力证据。早在 18 世纪，人们就已经习惯性地将相似的物种归为近亲物种。法国博物学家乔治·布丰（Georges Buffon）认为马、驴以及斑马之间就存在这种关联。两个物种之间的相似度越低，它们是近亲的可能性也就越小。研究分类学的系统分类学家根据相似度建立了分类单元的层次结构。最相似的个体被归为同一种，相似的种被归为同一属，相似的属则被归为同一科，以此类推，直至物种分类的最顶层。

这种根据生物之间的相似性和亲缘关系进行分类的方法被称为

“林奈生物分类法”（Linnaean hierarchy，见图 2-6），它的创始人是瑞典博物学家卡尔·冯·林奈（Carl von Linnaeus），他提出了双名法。这种分类法将生物从低向高逐级组合成越来越大的分类单元，最后涵盖了所有动物和植物。以猫为例，我们来看看这个分类系统是如何建立的。根据这种分类法，家猫以及与它很相似的其他种类的猫都归入猫属，这个属加上狮子、猎豹以及其他与猫相似的属，就组成了猫科。猫科再加上其他同级的犬科、熊科、鼬科和灵猫科等捕食哺乳动物以及其他相关类群，就组成了食肉目动物。

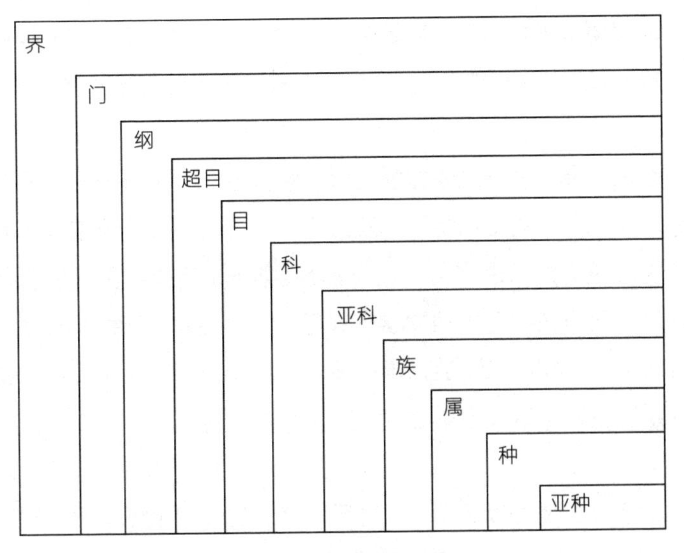

图 2-6 林奈分类系统

注：每一个阶元隶属于相邻的更高的阶元，比如“种”隶属于“属”。

同理，其他哺乳动物也可以合并为偶蹄目（鹿等）、奇蹄目（马等）、啮齿目（啮齿动物等）等，加上鲸、蝙蝠、灵长类、有袋类等动物，它们共同组成了哺乳纲（哺乳动物）。其他动物也存在这种层序的分类，比如鸟类、昆虫甚至植物。这种分类的存在以及成因曾经一直是一个谜，直到达尔文提出了共同祖先理论。按照达尔文的描述，每一个分类单元（生物群）都是由共同祖先的不同后代组成的，而且这些后代都发生了进化。由于观察到的事实与达尔文的理论完美契合，1859 年之后，共同祖先理论迅速得到了广泛认可。物种分类这个难倒了 19 世纪无数动物学家和植物学家的难题终于得到了解答。在证明生物之间的联系和共同祖先理论时，人们最常用到的证据便是生物形态和胚胎的相似性，而对这种相似性的探索促使比较形态学与胚胎学两门学科在 19 世纪下半叶蓬勃发展起来。

系统发育学　作为生物学的一个特殊分支，系统发育学的主要研究对象是生物的传代特征以及进化史。传代特征通常被表示为树状结构，被称为“进化树”，有些分类学派也用支序图来表示。在和达尔文同时代的德国动物学家恩斯特·海克尔（Ernst Haeckel）的推动下，动物学家和植物学家投入大量精力和时间来厘清生物之间的系统发育关系（见第 3 章）。

关于形态模式的解释　这是另一个通过共同祖先理论找到突破口的生物学分支。在乔治·居维叶（Georges Cuvier）的带领下，比较解剖学家意识到生物模式是有限的，每种模式中的生物都具

有相同的基本身体结构。居维叶划分出了四个主要的门（分支），他认为每个门的成员都具有相同的身体结构。这些迥然不同的生物模式既没有中间模式，也没有过渡模式，这严重地挑战了自然规律。居维叶将这四个分支分别称为脊椎动物、软体动物、节足动物以及辐射动物。这是最初的划分，后来人们很快发现这四个分支中有三个存在相互覆盖的情况，而脊椎动物最后又被划分为脊索动物门中的一个分支。现今，人们已经识别出了 30 多个动物门，而且许多门都有数个分支，比如脊椎动物中就包括鱼类、两栖类、爬行类、鸟类以及哺乳类。形态模式的重要性再次得到彰显，因为人们认识到这些形态模式是由共同祖先的不同后代组成的，它们都具有相同的基本身体结构。

以居维叶为代表的前进化论时代的形态学家大都是模式论者（本质主义者）。他们认为，每一个独立的门类必定对应着一些绝对不可能包含其他门类的特征，这些特征是永恒存在的，并将不同门类绝对地划分开。虽然这种形而上的形态学的哲学基础无疑是错误的，但它催生了许多对种系发生关系重建具有重大价值的发现，从更广义的层面来看，这些发现也有助于大家对进化的理解。

同源性　比较形态学成功地重建了进化序列中缺失的环节。托马斯・亨利・赫胥黎在研究不具备飞行能力的鸟类祖先的过程中，发现它们属于爬行动物祖龙类的后代。仅仅数年后的 1861 年，人们就发现始祖鸟是连接鸟类与祖龙类的过渡物种。进化昆虫学家认为，蚂蚁是从一种类似黄蜂的物种进化来的，同时推断出了最早的蚂蚁所具有的形态特征，这些推测大部分得到了印证，证据来自一块形成于白垩纪中期的蚂蚁化石琥珀。这些并不是特例，事实上，大部分根据形态重建推断出的祖先都得到了化石证据的支持。

在进化过程中，生物的任何特征都有可能发生变化。即使在进化论提出之前，一些比较形态学家就已经注意到发生变化的一些形态结构具有对应性，典型的实例就是鸟类的翅膀和哺乳动物的前肢。

模式形态学家理查德·欧文（Richard Owen）用“同源性”一词来解释这种现象，并将同源性定义为“不同动物体内具有不同形态和功能的同一器官”。这种定义为确定两种器官是否属于同一器官留下了过大的空间。这个问题最终被达尔文解决了，他认为，如果两个物种的一些特征源自它们的共同祖先，那么，这些特征就具有同源性。在进化机制的作用下，一些行走的哺乳动物的前肢（比如狗的前肢）会发生变化，也具有不同的功能，比如鼹鼠的前肢可以刨土，猴子的前肢可以攀缘，鲸鱼的前肢可以游泳，蝙蝠的前肢可以飞行（见图 2-7）。更进一步来说，哺乳动物的前肢结构与某些鱼类的胸鳍具有同源性。

一开始，人们并不十分肯定，关系疏远的分类单元之间是否存在局部的同源性。如果答案是肯定的，那么其真实性必须接受一系列验证，譬如与邻近器官的相对位置、相关分类单元中存在的过渡阶段、个体发育过程的相似性、是否符合其他同源研究提供的证据等。同源性不能够被证明，只能通过推导得出。

存在同源性的根本原因在于，共同祖先的同一基因型有一部分遗传了下来。这就是同源性不仅存在于结构特征之中，而且也存在于遗传特征比如行为特征中的原因。独立地产生于同一层序类群的特征也具有同源性，因为它们也源自共同祖先的同一基因型。同源结构在发育过程中也有可能会发生巨大变化。

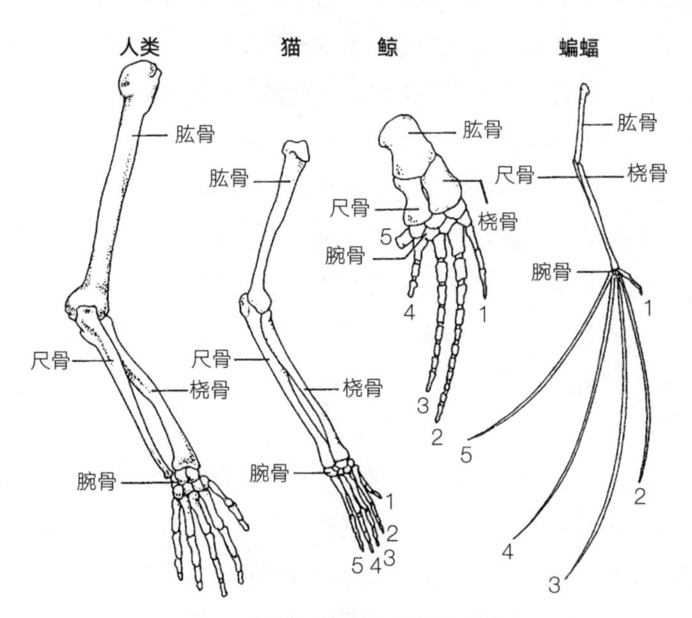

图 2-7 哺乳动物前肢的适应性变化

注：在自然选择的作用下，人类、猫、鲸和蝙蝠的同源性骨骼具备了各种独特的功能。图片来源：Strickberger, Monroe, W., *Evolution*, 1990, Jones and Bartlett, Publishers, Sudbury, MA. www.jbpub. com. Reprinted with permission.

胚胎学　早在 18 世纪，解剖学家就已经注意到，具有亲缘关系的物种在胚胎形态上体现出的相似性远远高于成体形态上的相似性。比如，人类胚胎的早期形态不仅与狗、牛和老鼠等哺乳动物的胚胎的早期形态很相似，而且与爬行动物、两栖动物和鱼类的胚胎的早期形态也很相似（见图 2-8）。胚胎的发育越到后期，越会显现出所属高级分类单元的特征。以隶属于甲壳纲的藤壶为例，虽然它们成体阶段的特征高度特化了，但能自由游动的幼体与其他甲壳类动物的幼体并无明显差别（见图 2-9）。达尔文的一些反对者提出，这种存在于幼体阶段的相似性说明不了问题。他们认为，所有生物的发育都要经历从低阶到高阶的过程，早期阶段的形态都相对简单，而到后期往往会越复杂，因此比起复杂的后期，前期的形态更具有相似性。这种说法有其可信度，但是，胚胎和幼体固然简单，仍能体现出它们所属线性谱系的一些特征，从而证明它们之间的关联。更进一步地说，对胚胎发育阶段的研究能够表明，起源于共同祖先的物种是如何逐渐分化为不同分支的。这有助于我们更好地理解进化的路径。

重演律　这一理论是指，某种生理结构在个体发育过程中曾经出现但又最终消失，而这些结构在其他相关分类单元的成体中仍然保留了下来。换句话说，重演律是指在由共同祖先分化出的数个支系中，某一支或几支在胚胎后期丢失了来自祖先的某一特征，但其他分支仍保留了这一特征的现象。比如须鲸的胚胎在某一阶段会发

育出牙齿，但随后会被吸收而消失。这种在胚胎发育的不同阶段发生的某一特征出现又消失的现象很快引起了人们的关注，甚至催生了“重演律”这一理论。胚胎学家对重演律秉持着两种截然不同的观点。

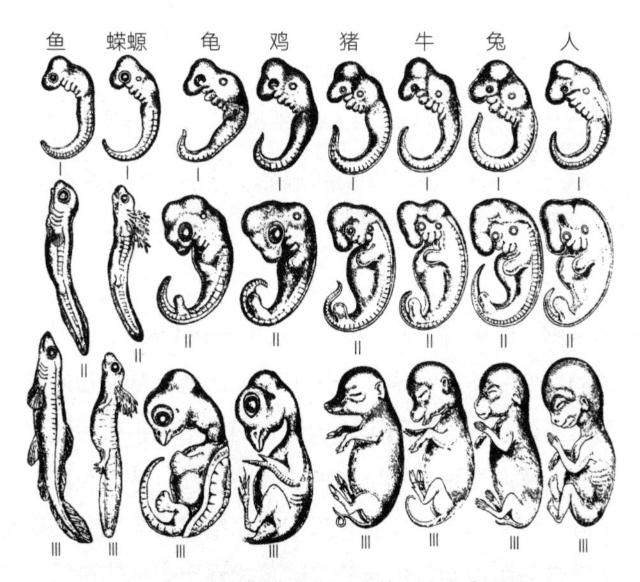

图 2-8 不同脊椎动物胚胎的三个发育阶段

注：根据海克尔 1870 年收集的证据，人类胚胎早期的 3 个发育阶段与另外 7 种脊椎动物的 3 个发育阶段非常相似。海克尔偷偷地用狗的胚胎顶替了人类胚胎，不过它们的胚胎与人类的如此相似，也能表明同样的观点。图片来源：Strickberger, Monroe, W., *Evolution*, 1990, Jones and Bartlett, Publishers, Sudbury, MA. www.jbpub.com. Reprinted with permission.

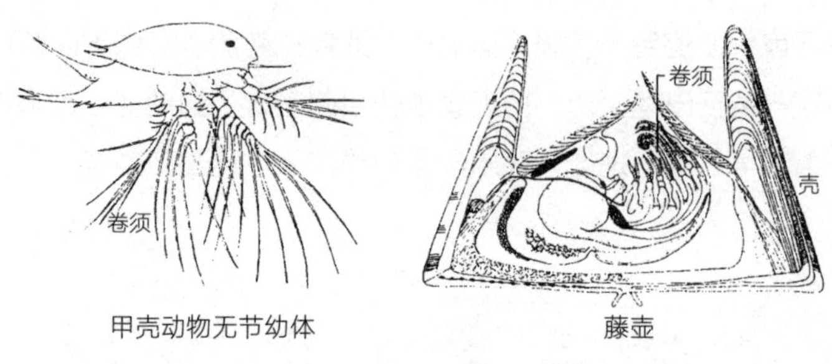

图 2-9　藤壶

注：藤壶能自由游动的幼虫与其他甲壳类很像，但成体藤壶与其他成体甲壳类的差别很大，以至于早期动物学家将它们视为软体动物。图片来源：Kelly, Mahlon G. and McGrath, John C. (1975). *Biology: Evolution and Adaptation to the Environment*. Houghton Mifflin.

根据卡尔·恩斯特·冯·贝尔（Karl Ernst von Baer）的理论，不同生物的早期胚胎具有很高的相似性，因此，除非知道它们的来源，否则就没有办法在胚胎阶段识别它们。不过，在后续的发育过程中，胚胎会逐渐呈现出所属物种成体的特征，从而与其他物种区别开来。冯·贝尔用一句广为人知的话总结了这个现象：这是一个从统一和共性的阶段向分化与个性的阶段逐步变化的过程。这个解释得到了普遍认可。然而，必须指出的是，这个观点与个体发育的某些事实相悖。譬如，为什么鸟类和哺乳动物在胚胎阶段都会出现鱼类特有的鳃？要知道鳃并不是陆生脊椎动物的特征。

早在 18 世纪 90 年代，也就是《物种起源》出版前的 70 年，人们就已经发现了这种胚胎阶段的鳃裂现象。当时对这一现象的唯一解释就是生命巨链，也就是自然阶梯理论。这种理论认为，所有生物按照从低等到高等的顺序排列成一个趋于完美的序列，即从最低等的生物到鱼类、爬行类，最后到人类。据此理论，有人提出高等物种的胚胎发育过程“重演”了低等物种的发育过程。进化论被广泛接受之后，海克尔重新定义了重演：“个体发育是对种系发生的重演。”这显然又有点儿言过其实了，因为哺乳动物在胚胎发育的任何阶段都与成体的鱼不具有相似性。事实上，哺乳动物胚胎的某些特征的确发生了重演，比如鳃囊，类似的重演还有许多，比如藤壶的幼体与其他甲壳类动物的幼体非常相似（见图 2-9），更有成千上万的实例证明，这些动物的胚胎结构保留了祖先的痕迹，然而在成体的生命形态中，这些结构都消失了。

为什么胚胎要兜这么大一个圈子才能发育为成体，为什么不选择直接清零这些无用的特征，就像一些穴居生物去除眼睛和色素一样？这是每个胚胎学家都无法回避的一个问题。胚胎学家最终通过实验解决了这个问题，他们发现，这些具有其祖先特征的胚胎结构在发育过程中起着组织者的作用。比如，如果去除两栖动物胚胎中的前肾管，在个体成年后就不会有中肾。再比如，如果切除原肠顶端的中线，将会导致脊索和神经系统的发育终止。因此，这些看上去没用的前肾管和原肠中线在胚胎发育过程中有着至关重要的作用，它们的重演保证了后续胚胎发育的正常进行。这也解释了为什么所有的陆生脊椎动物在个体发育的某个阶段都会长出鳃弓。这些类似鳃的结构不会发育成与呼吸有关的器官，而是在个体发育的后续阶段发生重大重组，从而形成爬行动物、鸟类和哺乳动物的颈部结构。因此，受基因控制的发育过程不仅无法跳过含有祖先特征的发育过程，而且要在此基础上做出调整，以便形成更适应新生命形式的器官或者组织。这些来自祖先的特征为后续器官的发育和重组奠定了基础。发生重演的总是生物祖先的某些特定特征，而不是完整的祖先形态。

残留结构 很多生物体内都存在功能没有完全发挥甚至全部丧失的特殊结构，比如人类盲肠上的阑尾、长须鲸胚胎中的牙齿以及一些穴居动物的眼睛。这些结构来自祖先，它们曾在祖先体内拥有过完整的功能，之后由于环境的变化逐渐萎缩，直至变成一种关于祖先痕迹的佐证。当这些结构因为物种生活方式的改变而失去功能时，就不再受到自然选择的青睐，并逐渐消失。不过，这些残留结构有助于我们了解以前的进化过程。

这三种现象——胚胎的相似、重演和残留结构是神创论无法解释的，但与基于共同祖先、变异和选择的进化论则完全相容。

生物地理 动植物的地理分布是由什么决定的呢？这是生物学中的另一个重大难题。幸运的是，进化论解决了这个难题。为什么分别位于北大西洋两边的欧洲和北美洲的动物区系呈现出非常高的相似性，而分别位于南大西洋两边的非洲和南美洲的动物区系却呈现出那么大的区别？为什么澳大利亚的动物区系与其他大陆动物区系的区别那么大？为什么大洋洲的岛屿上一般没有哺乳动物？这些看起来随意又任性的分布难道也是出于神的安排？恐怕答案没有这么简单。达尔文认为目前动植物的这种地理分布是由每种生物自出现之日起就开始扩散所致。大陆之间被隔绝的时间越久，生物区系之间的差别也就越大。

许多物种的分布在地理上是不连续的。比如，真正的骆驼主要分布在亚洲与非洲，但它们的近亲美洲驼则主要分布在南美洲。如果我们相信连续进化真的存在，那么在这两块被隔离的大陆之间应该存在过渡地带，换句话说，北美洲大陆上也应该存在骆驼，但实际上并没有。由此推测，作为骆驼与南美驼的“纽带骆驼”曾经在北美洲大陆上存在过，但后来灭绝了。这一推测最终得到了证实，证据来自一块出自北美洲第三纪地质层中的巨大骆驼科化石。同样，直到发现第三纪早期（约 4 000 万年前）有一片大陆连接着现在被北大西洋隔开的欧洲大陆和北美洲大陆之后，人们才完全理解了为什么这两个大陆的动物区系之间的相似性那么高。陆地之间的连接实现了物种之间的迁徙。相反，非洲与南美洲大陆在约 8 000 万年前就因板块运动分道扬镳了，自那之后，两个大陆上的物种就失去了联系，因此呈现出非常大的差异。共同祖先理论和时而发生的灭绝事件可以一次又一次解释这类复杂的生物地理分布问题。就这样，进化论解决了一个又一个谜题。

大扩散　不同物种的扩散能力大不相同。新几内亚群岛上生活着 100 多种鸟类，它们似乎极度不愿跨越水域，即使在距离大陆海岸线不到 2 000 米的岛屿上也都难觅其踪影。相比之下，有些物种具有惊人的扩散能力。例如只生活在美洲大陆上的美洲鬣蜥科，却有一个属（两种）在斐济和汤加被发现。这两个种都是当地的特有种，因此可以排除人为引进的可能性。那它们是如何出现在距美洲大陆遥不可及的这些小岛上的呢？

唯一可能的解释是，很久以前，它们靠浮木漂流到海上，最终被洋流带到了这里。它们漂流了数千千米，还能在这片陆地上生存下来，这不能不说是一个奇迹。事实上，它们最先到达了大洋洲的波利尼西亚东部，但由于遭到当地人的捕杀，迁徙来的蜥蜴没能存活下来，但这仍然不失为一种壮举。除此之外，我们对这种现象没有其他解释，而且也有其他物种在长时间的漂流后仍能存活下来的案例。

扩散能力的不同解答了很多与物种的地理分布有关的问题。比如，哺乳动物（除了蝙蝠）无法跨越水域，活动范围被牢牢地限制在陆地上，这也是海岛上缺少哺乳动物的原因。我们要讨论的另一个有趣的话题与华莱士线有关。有一条人为绘制的线将马来群岛分为两部分，这条线便是华莱士线。对于哺乳动物而言，这是一条非常重要的生物地理分界线，线东侧与线西侧的哺乳动物有很大的区别。不过，这条线对鸟类与植物而言就不适用了。这条线将大巽他群岛大陆架东面与深海水域分隔开来。很显然，哺乳动物无法跨越深海天堑，只能被限制在大巽他群岛大陆架上，而鸟类和植物种子则可以轻易地克服这种障碍。

分布间断 一些分类单元的分布因某种间隔而出现断层，原因可能有两个。上文讲到骆驼科在北美洲大陆上存在间断，这是由物种灭绝导致的。最初，骆驼科的分布跨越了几个大洲，从亚洲到北美洲，再到南美洲，地理分布是连续的。这种观点被称为“地理分隔假说”，事实上，许多分布间断之前都是连续分布的。譬如许多北极地区的物种在更新世冰川期的高峰期曾生活在阿尔卑斯山和落基山脉，但冰川退去之后，它们只零星地分布在山地冰川的遗迹里，与原生物种群落完全隔绝开来。

另外一种间断分布的原因是主要原因。当某个种群中的一些成员跨越了某个艰难的地域（包括水域、山脉或者植被区等）后，会在原物种的边界之外成为奠基性物种，这样，它们就与原来的亲种产生了隔离。这种由扩散造成的地理间断现象在岛屿生物的分布中最为常见。例如，加拉帕戈斯群岛与南美洲大陆之间被 960 多千米的水域隔开，它们之间就不存在连续的生物分布带，尽管后者是前者物种的发源地。物种的这种不规则分布让神创论的支持者很是头痛，不过进化论则可以令人满意地解释这些看似奇怪的现象。

分子生物学证据 分子生物学家惊喜地发现，分子的进化与体细胞结构的进化完全相同。总体来说，两种生物的关系越近，它们各自的分子就越相似。在很多情况下，形态学上给出的证据太过模糊而无法判别两种物种之间的关系，而分子级别的研究能够分析得出它们之间真正的关系。因此，分子生物学成为研究系统发育关系的重要工具。

基因，或者更准确地说，基因的分子结构也在不断发生着进化。通过对比不同物种的同源基因或者其他同源分子，我们可以推测出这些物种之间的相似度。不过，不同分子的进化变化率是不一样的，比如血纤维蛋白肽的进化速度就很快，而组蛋白的进化速度就很缓慢。虽然人类与黑猩猩早在 600 万年前就分开了，但两个物种血红蛋白中的一些复杂分子却几乎相同。令人欣慰的是，由形态学或者行为学研究得出的关于系统发育的结论与通过分子分析得出的结论在本质上是一样的。

在所有情况下，对两种研究的结果进行比较是最能解决问题的。形态学分析推导出模糊的结果，而分子系统发育学可以对这些结果进行测试。有许多不同的基因可用于这样的分析。在有些情况下，分子生物学证据比形态方面的证据更能准确地反映出系统发育的过程。

举两个近期文献提及的例子。分子生物学证据显示，南非的金毛鼹和马达加斯加的马岛猬都不属于食虫目动物，但根据形态学研究，它们隶属于食虫目。再有，须腕动物与螠虫动物一直被认为是两种不同的门，而分子生物学证据表明，它们与多毛纲中一些科之间的亲缘关系甚至比这些科与其他多毛纲动物的亲缘关系更近。人类与黑猩猩及其他类人猿之间极近的亲缘关系同时得到了分子生物学证据和结构特征方面证据的支持。

分子分析的重要性　分子生物学的研究表明，所有生物体的基本分子骨架都非常古老，这是这一学科对进化理论研究所作的最重要的贡献之一。总的来说，动物、植物和真菌的一些用于维持生态位、适应环境和繁衍后代的特有结构的形成时间明显较晚一些。因此，我们能够基于这些已经高度适应了环境的结构特征来将生物分为动物、植物以及真菌，但遗憾的是，这些特征并不能帮助我们揭示，真菌与动物或植物之间到底有何联系，以及是如何联系起来的。比如，传统上认为真菌与植物更接近，对真菌的研究大多数也出自植物学领域。

然而，令过去的人们迷惑不解的是，真菌的细胞壁中含有几丁质，这是一种普遍存在于昆虫外骨骼中的物质，在植物体内并不存在。最初，这个现象只是被简单地归为一种特例，在生物学领域，这类不可解释的特例其实有很多。后来，分子生物学研究最终揭示出真相，真菌的基础化学组成与动物界更加接近。

把原生生物研究从混乱的 50 ～ 80 个门中剥离出来也是分子生物学（以及膜与其他超微结构的研究）的一项伟大成就，而此前形态学研究并未得到清晰结果。此外，分子生物学还取得了一项重大成就，那就是成功地将被子植物分成相关的目和科。这种研究方法最大的优势就是有极其多的潜在特征可以研究。如果有一个特定基因研究失败了，研究者可以转向其他成千上万个基因的任何一个，来验证可能的研究结果。

分子钟　在很长一段时间里，由于缺少精确的化石记录，人们无法确定物种进化的地质时间。这种状况一直持续到 1962 年。这一年，法国科学家朱克坎德（Zuckerkandl）和美国科学家鲍林（Pauling）发现大多数分子随着时间变化的速率是恒定的。因此，这些分子可以用来计时，也就是可以被当作分子钟，而完整的化石记录及其现存的后代物种信息则可以校准分子钟。正是通过分子钟，人们才发现人类与黑猩猩是在 500 万～ 800 万年前分开的，而不是之前一直普遍认为的 1 400 万～ 1 600 万年前。

不过，在使用分子钟时，我们必须谨慎，因为分子的恒定变化速率很容易被打破。这不仅是因为不同分子的变化速率各不相同，还因为同一分子在不同时期的变化速率也有可能会发生波动，一个典型的例子就是“镶嵌进化”。因此，如果运用分子钟测定年代时出现失误，最保险的做法是选择多个变化速率不同的分子相互验证，并且找到相关的化石佐证。

基因型的整体进化　随着技术的突飞猛进，我们现在可以获得生物的整个基因组的全部 DNA 序列了。首先被全基因测序的是几种细菌（真细菌和古细菌），包括大肠杆菌，接着被确定的是酵母，然后是一种拟南芥属的植物和一些动物，包括线虫和果蝇（见表 2-1）。人类的基因组测序工作已于 2000 年 6 月全部完成。一门研究基因组分子结构的新学科自此兴盛起来，被称为基因组学。

表 2-1 基因组的大小与 DNA 含量

生物	基因组大小碱基对 ×10^9	编码 DNA
大肠杆菌（*Escbericbia coli*）	0.004	100
酵母（*Saccbaromyces*）	0.009	70
线虫（*Caenorbabditis*）	0.09	25
果蝇（*Drosophila*）	0.18	33
蝾螈（*Triturus*）	19.0	1.5 ～ 4.5
人类（*Homo sapies*）	3.5	9 ～ 27
肺鱼（*Protopterus*）	140.0	0.4 ～ 1.2
开花植物（*Arabidopsis*）	0.2	31
开花植物（*Fritillaria*）	130.0	0.02

注：表中括号中内容为拉丁文名。

这些 DNA 序列已经成了最具吸引力的比较研究材料。尽管基因（碱基对序列）会发生进化，但基因的基本功能却严格限制了这种分子改变的数量。换句话说，基因的基本结构可以在数百万年间保持不变，这就使研究该基因的系统发育成为可能。这种研究获得的最有意思的发现莫过于，高等生物体内的一些基本基因可以追溯至细菌体内的同源基因。比如，酵母、果蝇以及线虫中的许多基因可以追溯至同一祖先基因。虽然这一同源基因在不同生物体内的功能可能并不完全相同，但至少具有相似或者同等的功能。

新基因的起源　无论是细菌还是最原始的真核生物（原生生物），其基因组都比较小。这就产生了一个问题：新基因是如何产生的？最常见的方式是，基因通过复制加倍，然后将其插入亲本基因的染色体中。随着时间的变化，新基因可能会出现新功能，而原来具有传统功能的基因则被称为“直系同源基因”。通过直系同源基因可以追溯到基因的系统发育。与祖先基因共存的新基因被称为“旁系同源基因”。在很大程度上，进化的多样性应归功于旁系同源基因源源不断地产生。这种基因的加倍不仅会影响单个基因，而且会影响整个染色体，甚至整个基因组。

进化论小结

诚如我们看到的，无论是生物学的哪个方向的研究，都为进化论提供了无可辩驳的理论依据。正如著名的遗传学家 T. 杜布赞斯基（T.Dobzhansky）所说：“倘若离开进化论，生物学研究的任何内容都将失去合理性。”除了进化论，其他理论都无法对本章描述的现象提供合理的解释。

进化论最大的贡献在于对奇妙的生物多样性进行了宏观解释。这样，我们就可以更详细地阐述高等生物（动植物）是如何从简单的生命体进化而来的。下一章，我们将重点讲述生命形式的进化过程。

03 生命世界的兴起

来自天文学和地球物理学的证据都表明，地球形成于约 46 亿年前。起初，由于温度太高，辐射太过强烈，年轻的地球并不适合生命生存。据天文学家的估计，大概从 38 亿年前开始，地球变得宜居，最初的生命大概出现于这个时期，但遗憾的是，我们对最初的生命形式一无所知。毫无疑问，最初的生命一定包含一些大分子聚合物，它们能够利用周围环境中的无机物和太阳的能量，来获取物质和能量。最初，这个阶段的生命起源过程可能发生了不止一次，但遗憾的是，我们没有办法还原那个场景。如果生命真的起源过多次，其他形式的生命也许都已经灭绝了。地球上现存的所有生命，包括最简单的细菌，都来自同一个源头。

这是因为，地球上所有生物都共享同一套遗传密码，这种观点可以通过细胞（包括微生物）的许多特征证实。在地质层中发现的最古老的化石生命可以追溯至35亿年前。最早期的生物与细菌很像，事实上，它们与现存的蓝藻乃至其他细菌非常相似（见图3-1）。

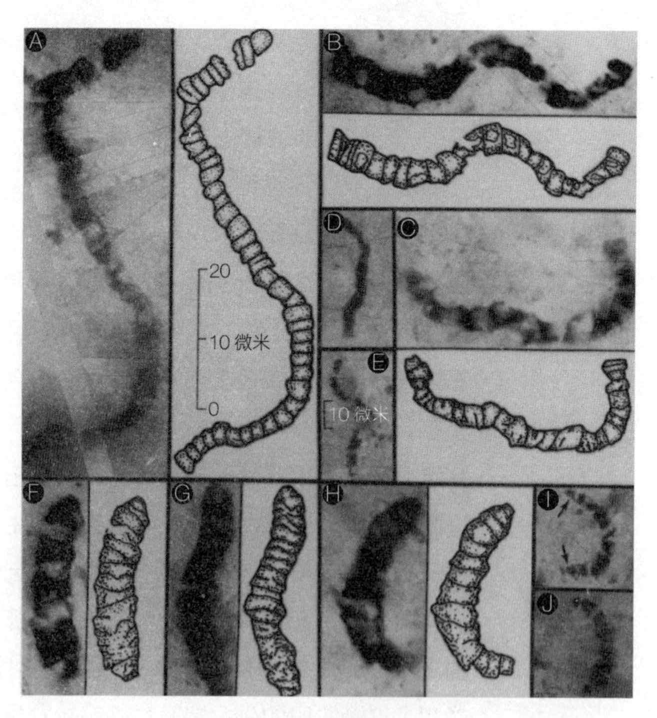

图 3-1　细菌化石

注：最古老的细菌出现在约35亿年前，并且直到现在也没有发生过非常大的变化。图片来源：Reprinted with permission from J. Williams Schopf, "Microfossils of the Early Archean Apex Chert: New Evidence of the Antiquity of Life, *Science* 260: 620–646, 1993. Copyright 1993 by the American Association for the Advancement of Science.

生命的起源

对于地球上最初的生命，我们还知道些什么呢？自 1859 年达尔文发表《物种起源》之后，一些人开始抨击他：“达尔文或许能够很好地解释地球生命的进化过程，但并不能解释生命是如何诞生的。无机物又是如何一下子具有生命的呢？”这个问题对达尔文来说确实是一项艰巨的挑战。事实上，在接下来的 60 年里，这个问题一直都没有得到解答，虽然达尔文曾提出了一些大胆的假设：“一个温暖的小池塘就能满足生命起源所需的全部条件，只要里面含有氨和磷酸盐，以及光、热、电等。”然而，这个问题没有达尔文想的那么简单。

生物圈

自生命诞生以来，生物与周围的无机环境（尤其是大气圈）之间就一直处于相互作用之中。早期地球的大气环境是还原性的（无氧环境），由大量的甲烷、氢、氨和水蒸气组成。最终，通过蓝藻经年累月的光合作用，大气中充满了氧气。石灰岩以及其他岩石的形成进一步证实了生物对环境的影响，如珊瑚礁。

有机生物的活动与其无机环境的反应之间常常存在着一种平衡。不同种类生物之间的相互作用也会深刻地影响生物圈。例如，动物种群数量的增加会导致二氧化碳的排放量增多，进而致使植物对二氧化碳的吸收也增加。真核生物是原核生物的后代，但比其复杂得多，真核生物的起源过程和成功生存显然绕不开富氧的大气层这个前提条件。生物与环境之间的交互有时会达到一种稳定的平衡，于是有些学者就此提出了“盖娅假说”，其中心理论认为，地球的生命世界与无机环境共同塑造了一个非常平衡和程序化的系统。不过，并没有证据证明存在这种系统，而且，大多数进化论者对盖娅假说持否定态度。他们认为，目前的这种平衡是生命世界与无机世界相互作用下的随机产物。

20世纪20年代，俄罗斯生物学家亚历山大·奥巴林（Alexander Oparin）和英国生物学家霍尔丹（Haldane）[①] 提出了第一个真正意义上的生命起源理论。在之后的75年里，有许多文献谈及了这一问题，而且有六七个相互对应的理论相继问世。虽然没有一个理论是令人满意的，但至少这个问题已经不再像20世纪初那样让人毫无头绪了。现在我们至少可以说，有数个合理的情境可以重现生命是如何从无机世界起源的。若想理解这些理论，首先要对生物化学专业知识有充分的了解。

地球上最早出现的生命必须解决两个重大难题（以及其他一些小问题）:（1）如何获取能量;（2）如何复制繁殖。起初，地球的大气层中没有氧气。但是来自太阳和海洋的硫化物能够提供足够的能量，因此获取能量应该不是什么问题。有迹象表明，那

① 两人分别提出了相同的假说。

时的岩石表面覆盖着一些可以生长代谢但不能复制的薄膜。显然，相比于生命的生长发育，复制更具挑战性。众所周知，除了少数病毒，DNA 是生命复制过程中不可或缺的物质。但 DNA 是如何成为几乎所有生命体的遗传物质的呢？目前还没有合理的理论可以解释这一点。不过，RNA 也具有酶的作用，应该能充当这一角色。事实上，RNA 在复制过程中的作用仅次于 DNA。现在人们认为，在 DNA 占领统治地位之前是 RNA 的世界。在那个世界，已经存在基于 RNA 的蛋白质合成，只是效率远远低于基于 DNA 的蛋白质合成。

尽管在解决生命起源的问题上，出现了很多具有前瞻性的理论，但是到目前为止，还没有人能成功地在实验室里创造出生命，这是一个冷酷的事实。仅有缺氧的大气层无法形成生命，还需要一些特殊的条件，比如温度、具备某些化学性质的介质。当时的液态介质可能很像海底火山排气口周围的热水。实验室可能需要许多年的实验才能创造出生命。

不过，生命的产生应该不是什么难事，38 亿年前，地球的环境刚合适的时候，就出现了可以繁殖的生命。不幸的是，我们缺失了距今 38 亿～ 35 亿年前这 3 亿年间的化石记录。已知最古老的化石来自 35 亿年前，其中含有非常丰富的细菌群落。由于缺少这 3 亿年间的化石，我们不知道并且很可能永远也无法知道这些细菌祖先的面貌。

生物多样性的兴起

原核生物

地球上的生命大约诞生于38亿年前。最早出现的是原核生物（细菌），其最早的化石来自35亿年前的地质层。在接下来的10亿年里，原核生物仍然是地球上唯一的生命形式。原核生物与更高级的真核生物（含有细胞核的生物）之间存在巨大区别，最大的区别是细胞核的缺失（见进化讲堂3-1）。细菌的种类繁多，包括蓝藻、革兰氏阴性菌、革兰氏阳性菌、紫细菌和古细菌。至于这些细菌之间有何联系以及如何分类，现在还有争议。

进化讲堂 3-1
What Evolution Is

原核生物与真核生物的区别

已知的原核生物与真核生物之间的区别大约有30个（见表3-1）。而古细菌与其他原核生物之间的差别相比之下就不值一提了。

表3-1 原核生物与真核生物的区别

特征	原核生物	真核生物
细胞大小	小，1～10微米	大，10～100微米

续表

特征	原核生物	真核生物
细胞核	无，有类核	有被核膜包裹的细胞核
内质膜系统	无	有内质网，有高尔基体
DNA	不与蛋白质连接在一起	由组蛋白（大于50%）或其他蛋白质组成染色体
细胞器	没有膜包裹的细胞器	一般都具有细胞器（线粒体和叶绿体等）
新陈代谢	各种形式	需氧代谢（除了无线粒体原生生物）
细胞壁	真细菌中为肽聚糖（蛋白质）	纤维素或者几丁质；动物细胞中没有
生殖	一分为二或者出芽生殖	动植物有性生殖，减数分裂
细胞分裂	裂变	有丝分裂
基因重组	单系的基因传递	减数分裂过程中的重组
鞭毛	旋转式运动，由鞭毛蛋白组成	波浪式运动，主要由微管蛋白组成
呼吸作用	通过膜	线粒体
环境耐性	广泛	狭窄
繁殖体	抗干燥孢子（内生和外生）；抗热的内生孢子	种类繁多：孢囊、种子等；不如细菌抗干燥、抗热
拼接体	无	有
过氧化酶体		
氢化酶体		

造成争议的原因主要有两个。第一，细菌既不是生物学意义上的物种，也不具备有性繁殖的能力。它们经常采用一种叫作横向传递的方式相互交换基因，有时甚至交换全套基因。比如，一种原本

属于细菌某一分支（比如革兰氏阴菌）的杆菌接受了另一个完全不同细菌分支的某些基因。因此，对于原核生物，我们很难甚至无法建立起像真核生物一样的“系统发育树”。第二，在遵循何种分类这个问题上，专家们没有达成一致。传统的分类法认为，原核生物的分类应该以种群表现的差异程度为依据。而另一些人则偏向于亨氏分类系统（Hennigian ordering system），依据系统发育树上分支节点出现的顺序进行排序。

受这一争论影响最大的是对古细菌的划分。古细菌是美国微生物学家卡尔·乌斯（Carl Woese）发现的一种细菌类群，与其他细菌在一些特征上存在明显不同，特别是在细胞壁和核糖体的结构方面。而在其他特征上，古细菌是典型的原核细菌。细菌分类学领域的领军人物卡瓦利尔－史密斯（Cavalier-Smith）认为，古细菌应该被列为细菌的四个分支之一。他给出的原因是，古细菌与其他三个细菌分支之间的差别并不比与大部分原生生物的差别大。可以肯定的是，古细菌具有真核生物一样的核糖体结构和其他一些特征。第一个真核生物起源于一个古细菌和真细菌的共生体，然后两个共生体嵌合形成真核生物（见图 3-2）。这就是真核生物既带有古细菌的特征也带有真细菌的特征的原因。

目前，我们还无法确切地知道哪些细菌参与了这个过程。螺旋菌一定参与其中，提供了纤毛。林恩·马古利斯（Lynn Margulis）认为，一个最简单的原生生物体内就含有 5 种不同细菌的基因组。

毋庸置疑，最早的嵌合体一定通过单向基因转移的方式获得了其他原核生物的基因组。由于这种基因转移现象很频繁，甚至连关系较远的细菌之间的传递也很频繁，比如古细菌和真细菌之间，因此重建原核生物的系统发育关系是非常困难的。

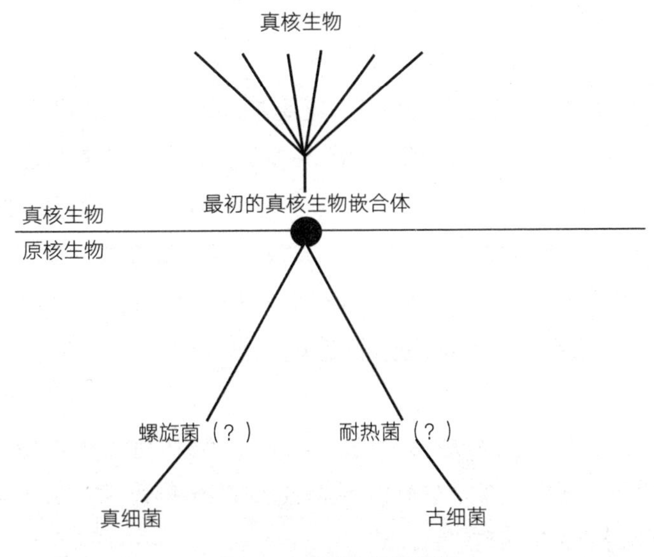

图 3-2 真核生物的起源

注：两种原核生物——古细菌和真细菌嵌合形成真核生物。

真核生物的出现可以说是地球生命史上最重要的事件。正是因为有了真核生物，其他复杂的生物才能相继出现，比如植物、真菌和动物。有核细胞、有性繁殖、减数分裂以及其他更复杂的多细胞生物的所有特征，都是最先出现的真核生物的后代所衍生出的成就。

即便在真核生物出现之后，原核生物仍然很繁盛，甚至因为食腐和寄生的生活方式，原核生物的分布更胜以往。据计算，现阶段地球上的原核生物与真核生物一样多。

原核生物具有很多共同特征，这使它们有别于“高级”的真核生物（见表 3-1）。这些特征包括：没有细胞核；DNA 直接位于生殖体中；没有蛋白质包裹的染色体；细胞分裂依靠简单的裂变或者出芽生殖，没有减数分裂或有丝分裂过程；细菌鞭毛由鞭毛蛋白组成，旋转式运动；原核生物的细胞很小（1 ～ 10 微米），经常以菌群的形式聚集；没有细胞状的细胞器（线粒体等）。

在如何对原核生物进行分类这个问题上，专家们也没有达成共识。以古细菌这个分支为例，它既包括那些适应极端环境的属，又有存在于包括海水在内的所有环境的属。

最早的原核生物化石（存活于 35 亿年前）来自蓝藻（见图 3-1）。蓝藻以其形态固定不变而著称。事实上，大约 1/3 的在早期化石中发现的原核生物物种在形态上与现存物种难以区分，而几乎所有早期化石中发现的物种都可以归入现生属。导致蓝藻固定不变的原因有很多，例如它们都采取无性繁殖的策略，种群数量庞大，能够在复杂、极端的环境中生存下来。这些都有助于原核生物的稳定性。

真核生物

在经历了 10 亿年原核生物的统治之后，地球上出现了真核生物。这是地球生命史上最重要和最具戏剧性的事件。真核生物具有由膜包裹的细胞核，里面含有染色体，这也是真核生物与原核生物众多区别中最具革命性的一个特征。真核生物的首次出现是进化过程中的一个重要事件。据推测，古细菌与真细菌的共生形成了嵌合体，即真核生物的雏形（见图 3-2），这种推测的依据是，真核生物基因组中同时具有古细菌和真细菌的基因组片段。新形成的嵌合体又通过与其他细菌的共生获得了细胞器，比如线粒体和植物中的叶绿体。这些细胞器可能不是同时获得的，因为有些现存最原始的真核生物中并没有线粒体或者其他细胞器。细胞核是包裹着染色体的膜状结构，它的形成过程仍然是一个谜。共生现象显然和细胞核的形成没有什么关系。

线粒体源于紫细菌（变形菌纲）的 α 分支，植物中的叶绿体则来源于蓝藻菌纲。我们目前不清楚是第一个真核生物的嵌合过程先发生，还是真核生物获得细胞核的过程先发生。关于细胞核的形成过程，有人提出了一种猜测性的理论，但这种理论是否正确，还需进一步验证。

原生生物 最早期的真核生物的化石非常稀少。不过，科学家在 27 亿年前的地质层中发现了真核生物代谢的副产物——脂质类物质（甾烷），这说明真核生物的起源时间比我们之前认为的要早得多。当然，这些甾烷有很小的可能是从上层地质层中渗透进下面更早期的地质层的，不过大多数地质学家否定了这种猜想。事实上，游离氧的含量正是在那个地质年代（27 亿年前）开始增加的，这促使了真核生物的出现。来自分子钟方面的证据也支持真核生物的起源时间比我们之前认为的更早。早期的真核生物是具有核结构的单细胞生物，细胞器可能有也可能没有。尽管单细胞真核生物是一个很具异质性的群体，但它们还是被统称为原生生物。现在，它们被分为不同的界（原生动物界、原生菌物界等），而且所有高级分类单元（植物、真菌和动物）中也有最简单的单细胞生物。现在一些不具备细胞器的原生生物并不是从未有过细胞器，而是后来消失的。

自从 27 亿年前真核生物出现之后，它们就开始朝着惊人的多样化发展了。原生生物的多样性主要是由林恩·马古利斯与 K. S. 施瓦茨（K. S. Schwartz）发现的，这一生物中至少存在 36 个门，包括变形虫、微孢子虫、黏菌、双鞭毛虫、纤毛虫、孢子虫、隐孢子虫、鞭毛虫、黄藻、硅藻、褐藻（有些是多细胞的）、卵菌、黏孢子虫（孢子虫）、红藻、绿藻、放射虫以及其他约 20 个不常见的门。还有一种分类方法更是将原生生物分成了 80 个门类，这也间接说明了我们对这些单细胞真核生物的认识有多么匮乏。目前，我们还未确定正式的原生生物界，原因是传统原生生物之间的极端异质性。

很显然，若想精确地对原生生物进行分类，我们还有很长一段路要走，还要广泛地运用分子生物技术进行分析。

现在发现的最早的单细胞真核生物（原生生物和藻类）化石形成于 17 亿年前，但更多的证据告诉我们，真核生物的起源时间至少比这早 10 亿年。在距今 17 亿年至 9 亿年前这段时间，真核生物的多样性仍是有限的，进入寒武纪之后才出现了爆发式的增长。

多细胞生物 在生命的进化史上，曾不止一次地出现过多细胞生物。细菌中就有不少多细胞生物的先驱。多细胞的第一个明显特征就是体型的增大，这一点已经在十几种单细胞原生生物、藻类和真菌群中得到了证实。这种细胞的聚集通常会导致功能的分化，最终演变为真正的多细胞生物。

最早的真核生物都是由单细胞组成的。实际上，在很长一段时间里，人们一直认为原生生物就属于单细胞真核生物。但是之后人们发现存在单细胞植物（绿藻）、单细胞动物（原生动物）和单细胞真菌。而且，一些主要由单细胞生物组成的类群，比如褐藻门和红藻门，也包含一些多细胞物种。比如，长度达 100 米的巨藻就属于原生生物。

基本的单细胞类群中普遍存在着一些多细胞生物。即使是细菌有时也会自发地聚合在一起形成大的多细胞体。在植物界、真菌界以及动物界，多细胞生物的分布最为广泛。以前的分类系统划分的单细胞类群——单细胞植物（藻类）、菌类和动物（原生动物）现在都被划定为原生生物。

动物的系统发育

在如何重建动物的系统发育树这一问题上，学界一直争议不断。18 世纪，在进化论问世之前，居维叶就已经将线性的自然阶梯拆分为四个门类：脊椎动物、软体动物、节足动物和辐射动物（见第 2 章）。很快人们又认识到，辐射动物的划分不合理，因为它所包含的腔肠动物和棘皮动物是两种完全不同的类型。接着，其他三个门类也被逐渐推翻。最终，多细胞动物被划分为 30 ～ 35 个门。这些门类是动物的主要类群，包括海绵动物、腔肠动物、棘皮动物、节肢动物、环节动物、软体动物、扁形动物和脊索动物，以及很多规模较小的门类。这些门之间或多或少存在明显的差别。自 1859 年提出进化论之后，研究进化论的学者将注意力集中在确定这些门类之间的关系，以及它们在系统发育树上如何排列。最初的多细胞动物长什么样子？其他更高级的分类单元是从哪种高级分类单元中产生的？自 19 世纪 60 年代以来，研究系统发育的学者孜孜不倦地工作，虽然我们已经大致地了解了动物的进化轮廓，但在一些细节问题上仍然存在分歧。基于传统的达尔文分类方法建立的分类系统仍然是最有效的。分类单元的划分并不是依据进化树上的分支点，而是依据相似性。

几乎所有的动物门都是在距今 5.65 亿～ 5.3 亿年前的前寒武

纪和寒武纪早期进化出来的。目前，我们尚未发现它们之间的过渡物种化石，也没有发现现存的过渡物种。这些门类因无法逾越的间隔而被分开。如何解释这些间隔，这些间隔之间有何关联？下文将尝试做出解释。因为最早出现的动物没有留下化石记录，因此动物系统发育树必须根据现存的后代来重建。在对无脊椎动物的形态和胚胎经过 100 多年的仔细对比研究后，科学家终于能大致绘制出动物的系统发育树。当然，一些小动物门的关系尚未完全厘清，甚至一些基本问题还存在分歧。趋同现象、平行进化、极端特化、镶嵌进化、重要特征的丢失以及其他进化现象曾严重地阻碍了进化论的发展。不过，随着分子生物技术的进步以及之前来自形态学方面的证据，这些僵局被打破了。

人们发现，组成基因的分子也经历过进化，并且像形态特征一样也存在种系发生现象，这意味着科学家有望快速且准确地重建系统发育树。来自形态学方面的证据常常难辨真假，但来自分子方面的证据应该是确定无疑的。然而，事情并没这么简单，因为这个推论忽视了镶嵌进化。基因型的每个组成部分都具有独立进化的能力。如果仅仅依据某个分子的进化轨迹去重建系统发育树，其结果经常与来自大量形态学和其他方面的证据相冲突。由于技术水平的限制，最初被用于重建系统发育树的分子是核糖体 RNA 和线粒体 DNA。然而，这两种分子的进化历程大不相同。基于 18S RNA 建立的系统发育树具有误导性。最近的所有分子生物学分析都是基于对多个分子的全方位比较分析得出的，包括核基因。尽管有过失误，但瑕不掩瑜，分子技术在重建系统发育树的过程中仍然发挥了巨大作用。在已有的形态学和胚胎学所取得的成就之上，分子技术能让我们构建一个经得起检验的动物系统发育树（见图 3-3）。即便现在仍有极少数门类存在争议，我们仍可以自信地预测，在 15 年之内，人们在动物系统发育的问题上终会达成共识。

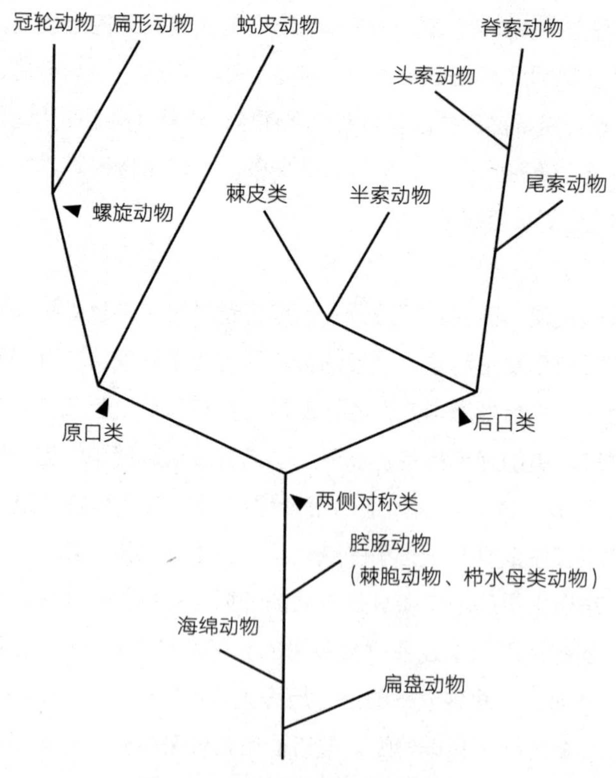

图 3-3 动物种系发生的主要分支

注：关于原口动物门的分类见正文，其中有些分类仍存在争议。

从最早的动物到两侧对称动物

丝盘虫（扁盘动物门）是现存最原始的多细胞动物，主要由腹侧和背侧两层细胞组成。它们通过“游动细胞”（swarmer）进行繁殖。再高等一些的是海绵（多孔动物门），其原生生物祖先可能是领鞭毛虫门。来自分子方面的证据表明，动物界接下来的进化阶段，即腔肠动物，应该出自海绵动物。当然，腔肠动物也有可能源于其他原生生物。腔肠动物的两个门（刺胞动物门和栉水母动物门）都具有辐射对称的形态特点。它们的胚胎都具有两层细胞——外胚层和内胚层，它们都是双胚层生物。其他所有的多细胞动物（两侧对称类）都具有两侧对称的形态，都有第三个胚层——中胚层，它们都是三胚层生物。

两侧对称动物的进化

100 多年来，两侧对称动物各个门之间的关系一直充满争议。在分子技术引入之前，它们的分类完全依靠人们对不同形态特征的重视程度。在很长一段时间内，有无体腔被视为最重要的一个辨别标准，后来证明这是错误的。没有体腔的扁虫（扁形动物门）曾被认为是两侧对称类动物的奠基类群，许多不同类群都由它衍生而来。即使在目前，这仍然是一种广泛采用并得到很多支持的观点，但另外一种观点认为扁形动物的体腔和肛门是后来退化的，它们是一个衍生类群。

体腔 最初的两侧对称动物都是软体动物。它们在海底或者其他水域的底部爬行。由这些动物衍生出来的其他两侧对称动物具备钻入其附着物中的能力，这既能保护自己，又能从所处环境中汲取营养。钻入的过程是通过强壮的中胚层肌肉片的蠕动收缩完成的，这使它们能够穿过柔软的物体。这种推进方式可能是这样实现的：体壁的肌肉挤压充满液体的体腔，造成压力，最终又转化为动力。

在某些门中，身体组织之间的血液充当了液体的角色。其他大多数门都有容纳液体的特殊腔，这就是所谓的体腔。这种液压系统由体壁肌肉和体腔组成，是蠕动行走方式的必要条件。

原口动物和后口动物 动物进化的下一个阶段是从两侧对称类动物中分化出两个分支，即原口动物和后口动物。原口动物胚胎发育原肠胚阶段出现的胚孔发育为成体的口，并在原肠胚的囊末端重新形成肛门，但后口动物在胚胎发育过程中，胚孔发育成肛门，而口则是另外一个新形成的开口（见进化讲堂 3-2）。并且，这两种动物的体腔形成过程也各不相同。原口动物与后口动物的分化是动物界最基本的分化之一。

原口动物由环节动物、软体动物、节肢动物以及其他一些较小的动物门组成，后口动物则由棘皮动物、脊索动物（包括脊椎动物）以及三个较小的动物门组成，它们之间具有显著的区别。大多数原口动物受精卵的发育方式是螺旋形卵裂，细胞的分裂平面与胚胎的纵轴成对角线；后口动物受精卵的发育方式则是放射形卵裂（见图 3-4）。

进化讲堂 3-2
What Evolution Is

表 3-2 原口动物与后口动物之间的差别

特征	原口动物	后口动物
胚孔	成为成体的口	新形成的
肛门	新形成的	由胚孔形成
体腔	如果有，通过腔裂形成	由肠裂形成
受精卵的卵裂	通常是螺旋形卵裂	总是放射形卵裂
发育	有限定	非限定
幼虫	如果有，则带有向下的纤毛带	幼虫体上有向上的纤毛带

此外，少数原口动物（比如蜕皮动物）的发育方式也是放射形卵裂。大多数原口动物受精卵的卵裂是有确定方向的，即每个部分的功能都是明确的；而在分裂的早期阶段，后口动物受精卵的发育是不受限的，即每个被分裂出来的细胞都具有发育成一个完整胚胎的能力。

如果还是依据形态特征来划分动物，那么原口动物和后口动物的划分就会一直有分歧。实际上，更难确定的是如何细分原口动物下的门类。分子生物学技术对于厘清这些问题具有很大帮助。借助数学方法，科学家可以依据分子信息推测出系统发育树上的分支点。这种致力于发现系统发育分支的方法被称为支序系统学分析或者谱系分析。很显然，原生的特征对于发现分支点来说没有太大的辅助作用，真正有用的信息都隐含在衍生的特征当中。

(a)

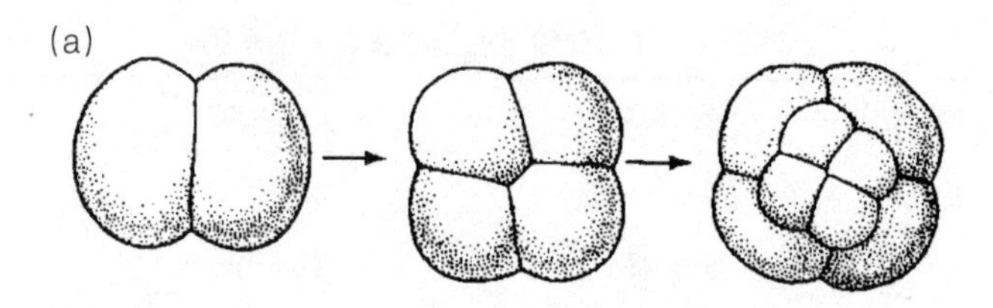

(b)

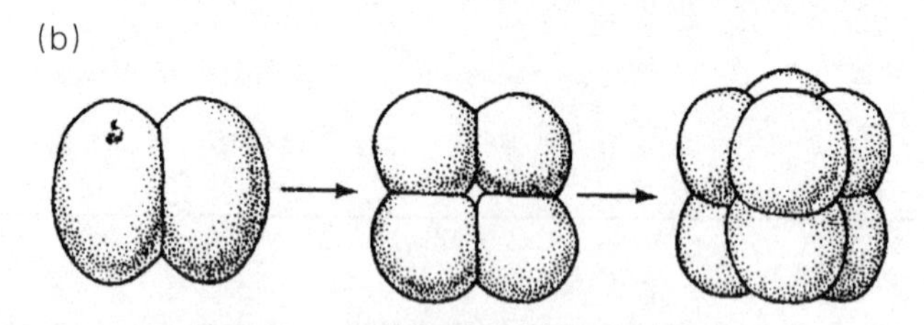

图 3-4 受精卵最初卵裂时的情形

注：（a）螺旋形，（b）放射形。图片来源：*Evolutionary Analysis*, 2nd ed. by Freeman/Herron, copyright © 1997. Reprinted by permission of Pearson Education, Inc., Upper Saddle River, NJ.

人们通常认为原口动物大约有 24 个门。存在争议的是，一些小类群应归为门还是亚门或纲，这些类群包括须腕动物、螠虫动物和微颚动物。大多数原口动物门的进化地位是明确且被广泛接受了的，只有少数一些门（如毛颚动物门）的地位仍不明确。下面列出的原口动物门的出现顺序已经得到了广泛认可，当然这不是最终的顺序。

- 蜕皮动物
  - 泛节肢动物分支
    - 有爪动物门
    - 缓步动物门
    - 节肢动物门
  - 环神经动物分支
    - 动吻动物门
    - 鳃曳动物门
    - 铠甲动物门
    - 线虫动物门
    - 线形动物门
- 螺旋动物
  - 扁形动物分支
    - 腹毛动物门
    - 扁形动物门
    - 颚胃动物门
    - 微颚动物门

轮形动物门—棘头动物门

环口动物门

毛颚动物门

冠轮动物分支

腕足动物门

外肛动物门

帚虫动物门

内肛动物门

星虫动物门

软体动物门

环节动物门（包括须腕动物门）

螠虫动物门

纽形动物门

原口动物大致可以分为两个主要类群，即蜕皮动物和螺旋动物。顾名思义，所有的蜕皮动物都会经历蜕皮。蜕皮动物包括节肢动物门、线虫动物门及其近亲，是物种最丰富的动物门群。螺旋动物主要由两个门组成，一个门群具有触手冠进食器（腕足动物和苔藓动物），另一门群的发育会经历担轮幼虫期（环节动物、软体动物等）。轮形动物门及其近缘类群、纽虫动物门和扁形动物门暂时被归入螺旋动物中。

大多数新门都是通过“出芽生殖”的方式产生的，即从已有门类中派生出新分支，并且该分支在较短时间内会发生巨大的变化，因此它们的亲缘关系只能依靠分子技术来确认。现阶段，我们并不是对所有门的起源过程都有清晰的了解，部分分支仍然存在争议。

分子生物学技术的引入促成了一项重大发现：分节、体腔、螺旋形卵裂和担轮幼虫等复杂的特征并不是证明亲缘关系的决定性证据。因为这些特征在接下来的进化过程中有可能丢失。比如，有很多证据表明，软体动物和须腕动物祖先的身体是分节的，而扁形动物的祖先具有体腔。过去人们认为，须腕动物的某些特征表明它们与多毛纲动物（环节动物门）有着密切关系，但其他特征却不支持这一观点。我们推测须腕动物在后来的进化过程中将这些特征都丢失了。幸运的是，分子生物学可以为这些性状丢失的案例提供明确的答案。

通过对每个动物门的特征的分析，我们现在越来越肯定，所有这些动物都具有共同祖先。例如，环节动物和节肢动物源自同一祖先——原口动物。原口动物和后口动物则源于一种更古老的两侧对称动物。所有的动物、植物和真菌都源于原始的单细胞真核生物，真核生物源于古老的细菌。所有生物都源于单一的起源。

或许有人认为这些分类细节很枯燥，但对于进化论者而言，这种分类证明了现生生物多样性的进化阶段。比如，进化过程中的某些事件致使出现原口动物和后口动物这两类完全不同的分支，在之后的进化过程中，这两类动物的差异被保存了下来，但有些特征在进化过程中多次获得、失去。通过研究高级分类单元现存的多样性，以及将它们追溯至数量有限的祖先，我们绘制了一幅无比生动的生命进化史图景。

动物进化年表 就在几年前，我们知道的最早的动物化石来自前寒武纪末期，距今大约 5.5 亿年。当时人们认为，动物物种大爆发仅用了极短的 1 000 万～2 000 万年的时间。这听起来有些不可思议，现在被证明事实确实如此。

最初，地球上的所有生命形态都生活在水里。地球上最早的陆生植物出现在 4.5 亿年前，最早的开花植物（被子植物）出现在 2 亿多年前的三叠纪。昆虫这种高等生物中种类最丰富的类群至少起源于 3.8 亿年前。虽然脊索动物在 6 亿年前就已出现，但最早的陆生脊椎动物（两栖类）出现在 4.6 亿年前。之后很快从两栖动物中衍生出爬行动物，再后来，也就是大约在 2 亿多年前，从爬行动物中衍生出鸟类和哺乳动物。

动物类群的兴与衰

地质学家划分了地球历史的确切地质年代（纪），每一纪都发生过各种生物类群的兴起与衰退。多细胞真核生物的繁荣首次发生于 5.43 亿年前的寒武纪，这个时期以前的整个地球历史被称为前寒武纪时期（从 46 亿年前到 5.43 亿年前）。现在已知的最早的生命形式出现在 38 亿年前，之后 10 亿年间只存在原核生物。在距今约 27 亿年到 17 亿年前（元古宙），真核生物出现了，紧接着出现了最早的多细胞真核生物。尽管那个时期的地质记录中并没有多细胞真核生物的身影，但根据寒武纪生物的后代和进化时钟，不难推断出它们的起源时间。出现于前寒武纪晚期（6.5 亿年前到 5.43 亿年前）的埃迪卡拉动物群是至今为止发现的最早的化石动物群。

从寒武纪到现代这段时期被称为显生宙，这一时期的化石记录比较丰富。古生物学家将显生宙划分为古生代、中生代和新生代。这三个代又可以进一步划分为纪和世。二叠纪末期发生的大灭绝事件是划分古生代与中生代的标志。类似地，白垩纪末期发生的另外一次大灭绝事件是划分中生代和新生代的标志。

多细胞动物的起源——寒武纪生物大爆发

人们一直认为，多细胞动物的起源发生在 5.43 亿年前的寒武纪。早期寒武纪地质层中同时出现了许多带有骨架的动物化石，这些化石的形成时间相近。腕足动物、软体动物、节肢动物（三叶虫）以及棘皮动物都出现在这个时期。这么多种类的动物突然同时出现确实颇为壮观，不过这也可能是当时另一个进化过程造成的假象。这些新的化石之所以能被发现是因为这些物种具有骨骼结构，而它们的祖先由于没有骨骼结构，基本没能留下化石痕迹。不过，世界各地很快就陆续发现了存在于前寒武纪晚期（文德纪）的更早的动物化石群，也就是埃迪卡拉动物化石群，其中包括许多奇怪的物种和一些与寒武纪物种有明显关联的物种。这些早期的物种有一部分无法被归入任何现存的动物门中，不过，这些生物在寒武纪之前就全部灭绝了。埃迪卡拉动物群中最古老的三胚层动物可以追溯至 5.55 亿年前。

寒武纪早期的生物大爆发很可能是真实存在的，部分归因于大量有骨骼生物的出现。如果事实真如此，那么也许你会继续追问，是什么原因致使这么多不相关的动物门都突然形成了骨骼呢？有两种解释。或许是因为当时地球的大气成分（氧含量的增加）或海水的组成成分出现了显著变化，又或许是因为高效捕猎者对外骨骼的保护作用的需求，也有可能两者兼有。

这段动物新身体结构 / 门的大爆发期很快就结束了。前寒武纪晚期到寒武纪早期，出现了约有 70 ～ 80 种不同身体结构的动物，但在这之后就没有再出现过新的身体结构。可以肯定的是，虽然一些小型的软体类群是在后期的化石中发现的，但它们在寒武纪的化石缺失显然是未形成化石。在现生的小型无脊椎动物类群中，有 6 个门的化石记录还未被发现。

现存的约 35 个动物门长期以来一直被认为是在寒武纪早期的

1 000 万年时间内出现的。那么该如何解释这段短暂的生物大爆发呢？最新研究表明，这个问题部分是不完备的化石记录造成的假象。人们基于分子钟方法重建了动物门的起源时期，并将其推至远远早于化石记录显示的时期。即使分子钟的速率有时会大大加快，但分子证据仍然表明了无可辩驳的事实，即动物门类的起源时期要远远早于化石记录所显示的文德纪（前寒武纪）。根据 18 个蛋白质编码位点的差别，阿亚拉（Ayala）等人推测出原口动物与后口动物的分离时间发生在距今约 6.7 亿年前，脊索动物与棘皮动物的分离时间则发生在大约 6 亿年前。腔肠动物与海绵动物（多孔动物）的出现时间则更早，有人认为是在约 8 亿年前。

贯穿前寒武纪的原生生物大爆发催生了多细胞生物的后代物种，其中的一些生物演变成了植物、真菌和动物。尽管有一些已经灭绝了，但是一些占统治地位的生物已成为今天地球上的代表性生物。一些错综复杂的寒武纪化石也表明，这些化石物种已经经历了数亿年的进化。前寒武纪的古代生物之所以没有留下化石，可能是因为当时的生物大多体形微小，缺乏骨骼结构。且不说没有骨骼很难形成化石，光是微小的身体结构就无法在地层中留下印记。

除了上述因素之外，还有一个可能的原因是后生动物早期的进化速度异常迅速。早期后生动物的基因型可能不像其后代那样受到严格的调控。这一点可以从早期后生动物千奇百怪的身体结构上得到印证。寒武纪早期之后，生物的基因大都完成了紧密的整合，严格限制了生成新结构的能力。如果具体到每个个体的身体结构，基因组的整合并没有那么严丝合缝，仍然为变异留下了余地。关于这一点，我们从棘皮动物、节肢动物、脊索动物以及被子植物的放射进化上便可以看出。

根据这些证据可以得出的最重要的结论可能是：早在距今5亿年前的寒武纪，动物界的主要类群就已经存在了，包括两胚层动物（海绵和腔肠动物）、三胚层动物（原口动物和后口动物），以及原口动物的主要分支蜕皮动物和螺旋动物（表3-3）。现在，我们已经了解了所有已知动物门的层序关系，即使一直令人困惑不解的牙形石（古生代动物化石）现在也被确定为是脊索动物的化石。诚然在纲这个层级上还存在很多不确定性，尤其是我们对原生生物的系统发育情况还不甚了解，但是，对于后生动物的分类和进化历史，我们已有了很深的了解。

表3-3　脊椎动物主要纲的大致起源时间

脊椎动物的纲	时期	起源时间
有颌鱼	奥陶纪	4.5亿年前
肉鳍鱼	志留纪	4.1亿年前
两栖动物	上泥盆纪	3.7亿年前
爬行动物	上宾夕法尼亚纪	3.1亿年前
鸟类	上三叠纪	2.25亿年前
哺乳动物	上三叠纪	2.25亿年前

对特征的正确评价

分类系统的合理性很大程度上取决于对分类特征的评价是否合理。比如，居维叶曾将腔肠动物和棘皮动物归为辐射动物，因为它们的身体结构都呈现出辐射对称的特征。但人们很快便发现，这两种动物在其他特征上存在明显的差异，并且棘皮动物的辐射对称特征可能仅仅是某种两侧对称动物身体结构趋同进化的结果。分节是一些动物门的特征，尤其是环节动物、节肢动物和脊椎动物等门的重要特征，但很多证据显示，这三个门类的分节特征是独立起源的。因此，亲缘关系较远的类群之间出现的相似性必须经过谨慎的同源性分析，才能断定这种相似性是出于趋同进化，还是属于同一进化分支。但有意思的是，当两个不相关的类群都失去同一特征时，也会出现趋同相似的情况。比如，软体动物、螠虫动物和须腕动物这些没有体节的动物门类，它们各自的祖先很有可能都进化出了分节的特征，只是后来都丢失了。

并系

一些不相关的类群分别独立进化获得了某些相同特征而被放在一起，这样的类群被称为多系，比如林奈划分出的“鱼类”就包括鲸。并系和多系具有本质性的区别，前者指的是拥有共同祖先的不同后代类群各自独立地获得某一相同特征（见第 10 章）。并系群的后代遗传自共同祖先的共同基因会独自产生相同的表型。一个明显的例子就是位于东非坦噶尼喀湖中的6种特有的慈鲷科鱼，它们独自进化出了相同的特化食性。并系可能可以解释白垩纪晚期出现的双足恐龙的骨盆和腿部结构与鸟类的极其相似的原因。这种解释也与鸟类是从三叠纪时的槽齿目祖龙演化而来的这一推测相吻合，槽齿目祖龙也是恐龙的祖先，因此鸟类和恐龙拥有相似的基因型，并且具有相似的形态特征。

连续谱系

根据达尔文的理论，相邻地质层中的化石应该具有连续性。但事与愿违，就连达尔文自己都承认，地质层中的化石记录几乎都是完全间断的，是不连续的："我认为之所以出现这些断层是因为地质记录的极度不完备性。"幸运的是，自1859年以后，化石记录得到了极大的丰富，目前我们可以依据现有化石记录证明一种物种衍生出另一种物种的进化过程，甚至一个属逐渐衍生出另一个属的过程。一个鲜明的例子就是兽孔目犬齿兽亚目演变到哺乳动物的进化过程。犬齿兽亚目下的几个属已经拥有了一些哺乳动物的特征，可以划归为哺乳动物（见图2-1）。

现代马的逐渐进化过程更加完整（见图2-3）。一个简单的过渡属（草原古马属）派生出了至少9个新的属，现代马正是其中恐马属的后代。中爪兽目有蹄类动物到其后代物种鲸类之间也存在着一系列的过渡阶段（见图2-2）。在大多数情况下，新物种的产生是在亲代物种的边缘种群被隔离之后发生的，但这样的隔离物种在地质层中被记录下来的概率实在太小了。它在某个阶段突然出现，之后一直保持不变，直至灭绝。这种线性谱系进化方式在苔藓中的一个属 *Metaraptodos* 的研究中有详尽记述。弗图摩甚至记录了数个连续谱系发生的完整案例。

植物的进化

早期植物的化石记录十分稀少。苔藓这种被认为现存最原始的植物的化石记录只在泥盆纪的地质层中发现过，即使在这之前它们早已存在了。苔藓类显然是从轮藻纲进化来的。在征服当时荒芜的陆地的过程中，与其共生的真菌也可能起到了很大的作用。人们在志留纪的地质层中发现了最早的维管植物。古生代（尤其是石炭纪）的优势植物是石松类、蕨类和种子蕨类。中生代是裸子植物的天下，最具代表性的是苏铁和针叶树，现在处于统治地位的被子植物在当时仍是无名小卒，被子植物在 1.25 亿年前的白垩纪才开始繁荣，虽然它们早在三叠纪就已经出现了。

目前人们已经记载了约 27 万种开花植物，并将它们分为 83 个目和 380 个科。借助形态分析和分子生物学技术，被子植物的系统发育过程已被基本厘清，从白垩纪中期开始，开花植物发生了大规模的辐射进化，与之同时的还有昆虫的辐射进化。

脊椎动物的起源

大型自然历史博物馆里总有很多陈列着各种各样动物标本的展厅，包括鱼类、两栖动物、海龟、恐龙、鸟类和哺乳动物。动物学家将这些动物都归入了脊椎动物亚门。而脊椎动物又属于脊索动物门。传统上，其他的 30 ～ 35 个动物门都被归为无脊椎动物，这个名字掩盖了其中动物高度的形态多样性。什么是无脊椎动物？它们又是如何进化的呢？

领鞭毛虫是一种原生生物，它们衍生出了最简单的动物——海绵（多孔动物门）。从海绵动物中又衍生出双胚层的腔肠动物（刺胞动物门和栉水母动物门），它们又衍生出了三胚层的两侧对称动物，后者又分化出原口动物和后口动物。后口动物由 4 个门组成：棘皮动物门、半索动物门、尾索动物门和脊索动物门。文昌鱼是最早出现的脊索动物之一，它们现在仍然存在，外观与其祖先并无二致。因为具有鳃裂和背脊索，文昌鱼被归入脊索动物门脊椎动物亚门。现存的文昌鱼是滤食动物，但有证据表明，最早出现的脊椎动物是捕食动物。牙形石里的动物已经灭绝，它们是脊索动物的近支，具有发达的硬齿，许多硬齿化石被保存了下来。

最早的脊椎动物的化石记录很少。最近在中国云南发现了距今 5.3 亿年的化石，被鉴定为鱼类化石。追溯至 5.2 亿年前，无颌鱼类（盲鳗和七鳃鳗）仍然活着，而最早的有齿类脊椎动物（盾皮鱼）

早已灭绝了。脊椎动物主要纲的推断起源时间详见表 3-3。

鸟类的起源

如果新发现的某高等分类单元的祖先物种与后代种群之间存在巨大差异，就意味着进化过程中出现了分支，但不同研究人员可能会给出不同的分支节点。鸟类的起源问题就能说明这一点。最早的鸟类化石是在距今 1.45 亿年的上侏罗纪地质层中发现的始祖鸟。关于鸟类的种系发生存在两种主流观点。根据槽齿起源理论，鸟类起源于三叠纪晚期的祖龙类爬行动物，距今约 2 亿年。而根据恐龙起源理论，鸟类在白垩纪晚期起源于兽脚亚目恐龙，距今约 1.1 亿～ 0.8 亿年（见图 3-5）。恐龙起源理论的主要证据是，鸟类的骨骼与一些两足类恐龙具有惊人的相似性，尤其是在骨盆和后肢结构方面（见图 3-6）。

我们应该如何辨别哪种理论更可信呢？来自三叠纪（比如 2.2 亿年前的地质层）的鸟类或者鸟类祖先化石能从根本上推翻恐龙起源理论。但我们目前还未发现早于 1.5 亿年前的鸟类化石。实际上，有一块原鸟的化石曾被报道并描述过（Chatterjee，1997），但是还没有被权威的鸟类形态学家检验过。由于缺乏普遍认可的化石证据，槽齿起源理论和恐龙起源理论的支持者开始寻找对方理论中存在的漏洞。下文列出了槽齿理论支持者的论据。但是如果说鸟类和恐龙在进化方面没有关系，那么又该如何解释它们的行走结构如此相似呢？一种可能是因为它们具有相似的两足行走特征，可能是并系。鸟类和恐龙都

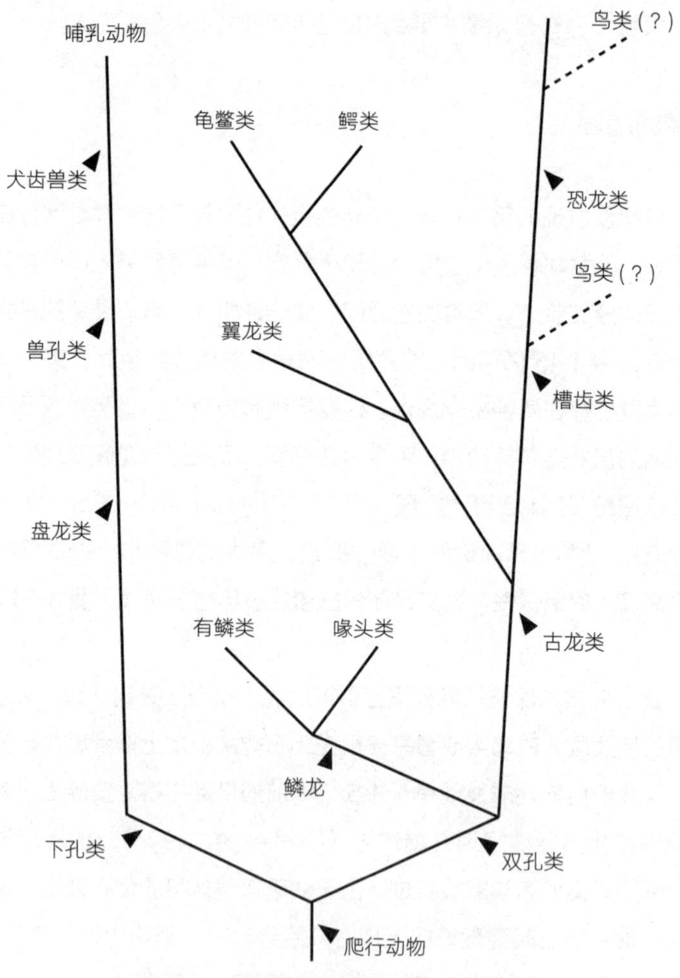

图 3-5　爬行动物系统发育的宏观示意图

注：该图显示了鸟类与哺乳动物从爬行动物分支出来的过程。图中并没有标出地质时间表，以及各动物之间的相似度。

起源于爬行动物祖龙类，只是它们出现的时间节点大不相同。

鸟类的槽齿类祖先与恐龙的祖先是近亲，因此可以推测鸟类祖先的基因型与恐龙祖先的基因型非常相似。向两足行走方式的转变会诱导它们产生相似的形态结构予以适应。当然，关于鸟类起源的理论都是假说，只有化石证据才能盖棺论定。

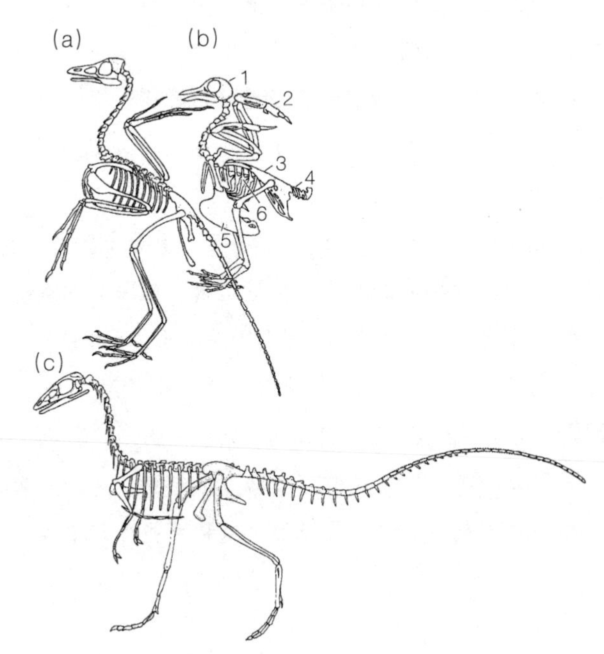

图 3-6 鸟类与恐龙在身体结构上表现出的相似性

注：A. 始祖鸟；B. 现代鸟类（鸽子）；C. 兽脚亚目恐龙：细颈龙。图片来源：Futuyma, Douglas J. (1998). *Evolutionary Biology* 3rd ed. Sinauer: Sunderland, MA.

进化讲堂 3-3
What Evolution Is

对鸟类起源于恐龙的理论的反驳

1. 年代。与鸟类在形态上具有高度相似性的恐龙出现在约 8 000 万年至 1.1 亿年前，而始祖鸟的生活年代距今 1.45 亿年，而且在侏罗纪晚期或者三叠纪的地质层中并没有发现可以被视为鸟类祖先的恐龙化石。

2. 恐龙和鸟类虽然都具有三趾，但恐龙的是 1 号、2 号和 3 号趾，而鸟类的是 2 号、3 号和 4 号趾。从这一点上来看，鸟类与恐龙之间不存在传承关系。

3. 牙齿。兽脚亚目恐龙具有内弯、扁平和锯齿状的牙齿，而始祖鸟和其他早期鸟类的牙齿呈钉状、细窄，非锯齿状。

4. 晚期兽脚亚目恐龙的胸带和前肢很小，也很脆弱，不足以进化出足以让身体飞起来的强壮的翅膀结构。目前尚未发现是什么因素促使鸟类前肢快速变得发达起来。

5. 研究鸟类飞翔模式的空气动力学专家认为，没有特定的身体结构就突然具有飞翔的能力，这种可能性基本为零。

进化论小结

达尔文的共同祖先理论告诉我们，所有生物类群都源于同一祖先，而祖先类群又可以衍生出数个后代类群。因此，从理论上来说，确定所有化石生物或者现生生物的祖先是有可能的。

1859 年达尔文发表《物种起源》时，进化论研究者距这一目标还很远。当时人们对所有生物门之间的亲缘关系都一无所知。然后，赫胥黎证明了爬行动物肯定是鸟类的祖先。在接下来的 140 年里，系统发育学家重建了看上去很可靠的进化历程。比如，爬行动物源于两栖动物，而两栖动物则源于扇鳍目鱼。当我们对动物的祖先追溯至前寒武纪时，对后口动物和两侧对称动物等类群的认知使动物门之间的亲缘关系逐渐变得清晰起来，尽管很多细节我们还不了解。

令人欣慰的是，目前为止所有的发现都与达尔文的共同祖先理论相吻合。化石记录（虽然具有不连续性）加上分子生物学技术证明了进化过程的发生是无可辩驳的事实。当然，连续的化石记录仍然很稀少，目前发现的大多数化石都不够完整。比如，距今 1 400 万～ 450 万年间的人类祖先的化石仍旧没有被发现。距今最近的腔棘鱼化石来自约 6 000 万年前，因此人们以为它们早已灭绝，但在过去的 50 年里，有两个现存的腔棘鱼物种先后被发现。尽管如此，这种意外的发现，也可以用达尔文的理论框架来解释。

WHAT EVOLUTION IS

第二部分

进化的产生以及适应性的解释

04 进化为什么会发生以及如何发生

好奇的人类不会仅仅满足于发现事实，而是更喜欢刨根究底，追寻耐人寻味的原因和过程。自达尔文以来，进化论主义者都曾致力于寻找进化背后的真相，并在这个过程中得到了许多答案。在那个百家争鸣的时代，众多理论如雨后春笋般出现，其中不乏与进化论相悖者。究其原因，研究对象的不同（动物或植物，现生生物或化石）以及研究者哲学背景的差异直接或者间接导致了学术上的分歧。经过多年的争论，直到 20 世纪 40 年代，学术界才达成了一项具有深远意义的共识，也就是实现了进化论的综合。

广泛信奉的哲学观点带来的阻碍

1859 年达尔文发表进化论之后不久就出现了大量足以让人们相信进化论的证据，但是直到 80 年以后，人们才普遍接受了这一理论。究竟是什么原因造成了这种抵触呢？100 多年以来，历史学家一直在追问这个问题，直到最近才找到正确的答案。各种证据显示，这种抵触来自当时普世的哲学观点，其中就包括当时盛行的基督教思想。事实上，人们对共同祖先理论的快速接受这一现象表明，宗教对思想的束缚远远没有人们想象的那般严重。在那个时代，与达尔文理论相冲突的观点还包括本质论和目的论。

为了反驳这些错误的观点，达尔文提出了四个全新的概念：种群思维、自然选择、概率和历史（时间）。在 19 世纪中期的科学哲学界，这些概念几乎是完全缺失的。达尔文不仅反驳了对立的意识形态，还提出了新概念，这些新概念最终成为 1950 年后发展起来的生物哲学的基础。也许只有了解了与达尔文主义相悖的意识形态的本质，才有可能了解在后达尔文时期发生的那些争议的本质原因，这也是下文即将阐述的内容。

模式思维（本质论）

从古代直到达尔文时代，本质论一直长盛不衰。本质论的创立者是毕达哥拉斯和柏拉图，该理论认为，表面上能看到变化的万事万物都可被划入有限的分类象限中，而每个象限都具有独有的特征（本质）。这种本质是恒定不变的，并且与其他本质大不相同，互相排斥。毕达哥拉斯派就曾说过，一个三角形永远只是三角形，不管它的形状是什么，而且与诸如四边形等其他图形之间不存在过渡图形。树只要具有树干和挂满叶子的树冠，就可以称之为树；马只要具有宽大的牙齿和一个脚趾，就可以称之为马。基督教认为，每一个类别，每一种模式，每一个物种都是被单独创造的，现今存在的生物都是神在创世纪时最初创造出来的同类的后代。一个类别（模式）的本质或者定义是完全不变的，它和最初出现时的样子几乎一模一样。事实上，本质论的信奉者不限于基督教徒，还包括大多数持不可知论观点的哲学家。在他们的认知体系中，任何特定类别中一旦出现多样性，都会被归为“偶然”或无关紧要。本质论者认为，自然界的物种就是以这种方式分类的，哲学家将按这种方式分类的物种称为自然物种。

达尔文之前的一些进化论者（包括拉马克）提出了一种弱化版本质论的观点，即模式会随着时间发生缓慢的变化。然而，长期以来，模式依旧被认为是几乎不变的。

种群思维

达尔文提出了一种全新的思考方式，与本质主义的模式论彻底决裂。他认为，我们在万千生物中发现的并不是恒定的类别（模式），而是随着时间变化的生物种群。每一个物种都由许多生活在特定生态环境中的种群组成。在任何一个种群当中，每个个体都是与其他个体不一样的存在，这与本质论主张的静态模式完全相悖。事实的确如此，即使对于人口数量达到 70 亿的人类群体来说，没有任何两个人是完全相同的。达尔文这种基于种群的思考方式被称为“种群思维”。曾有许多博物学家经过系统研究得出了非常类似的结论，如动植物种类呈现出与人类一样（有时更大）的差异性和独特性。本质论在被种群思维逐渐替代的过程中引发了进化生物学史上历时弥久的争论。所有的跳跃进化理论（骤变论）都基于本质论，而种群思维的拥趸则倾向于接受渐变论。种群思维是现代生物学中最重要的概念之一，它是现代进化理论的基石，也是生物哲学的基本组成部分。

目的论

除了本质论，目的论是另一支风行于 19 世纪至 20 世纪初期与达尔文进化论明显相悖的思潮。唯目的论的人相信，“世界会自发地向更好的方向发展”。他们认为进化过程具有方向性，是从低等走向高等，从简单走向复杂，从不完美走向完美的过程。他们假设存在某种内在力量，驱使生命从低等的单细胞生物逐渐进化出花鸟鱼虫、灵长类动物，甚至人类，否则将无法解释。目的论可以追溯至亚里士多德，他认为，目的是众多原因中的一个，甚至是最终原因。1859 年之后的很多年里，大批进化论学者仍然秉持这一理论，但达尔文自始至终没有加入他们。他坚定地否定了这种虚无缥缈的“不可抗力”。相反，他成了牛顿的信徒，即相信万事万物发生的背后都能找到其机制（物理或化学）。而且，在牛顿的解释性框架中，达尔文引入了历史的科学视角，即对进化现象的解释都必须考虑历史因素。

本质论和目的论等意识形态的盛行使达尔文关于进化是如何发生以及为何会发生的理论没有被立即接受。在《物种起源》发表后的 80 年里，达尔文的进化论与另外三种主要的进化理论（神创论、本质论、目的论）一直在相互竞争。直到今天，仍然有人支持这三种理论，因此，我们应该了解它们的论据和弱点。事实上，正是在这样的讨论过程中，我们才更加了解了达尔文进化论的优势。

什么在进化

即使在无机界，一切事物也在不断进化，那是一种有序、有方向性的变化。那么在生物界，进化是如何进行的呢？物种确实在进化，甚至林奈分类体系中物种层级以上所有分类单元也在进化，包括属、科、目和所有更高的分类单元，乃至整个生物界。那么物种层级以下的进化呢？个体也在发生进化吗？从基因的角度来说，个体当然是不进化的。可以肯定的是，我们的表型在生命过程中会发生变化，但我们的基因型则基本保持不变。那么最小的进化单位到底是什么呢？答案是种群。事实证明，种群是最重要的进化单位。

每一个种群内个体一代代的基因更替，这是对进化的最好注解。

为了准确描述有性繁殖物种的进化特征，我们有必要先对进化的群体做一个定义。一个地方种群（同类群）指生活在特定区域的、由种内繁殖的个体组成的群落（见第5章）。奇怪的是，在1859年之前，人们并不知道这一概念，就连达尔文本人也经常混淆它的实际意义。除了达尔文，其他人更喜欢从生物模式的角度去思考。

现在我们业已知悉达尔文时代存在的各种对立的思想，那么理解这些思想的滥觞，以及它们最终衰落的原因，就容易多了。

进化讲堂 4-1
What Evolution Is

基于本质论的进化论和基于种群思维的进化论

A. 基于本质论

1. 骤变论：进化是通过新物种或者生物模式的产生而发生的，而后者又是通过突变或跳跃进化产生的。
2. 变化论：进化就是现有物种或生物模式逐渐缓慢地变成新物种或生物模式的过程，方式为：
   a. 通过环境的直接影响或通过现存表型的“用进废退”实现的；

b. 通过内在的驱动力走向一个确定的目标，特别是走向完美；

c. 通过已获得的遗传特征。

B. 基于种群思维

3. 变异（达尔文式）进化论：一个生物种群或物种通过不断产生新的遗传变异和淘汰其中大部分变异而进化。被淘汰者在这种非随机的选择中失败或在性选择（如繁殖成功率低）中被淘汰。

基于本质论的三种进化理论

骤变论

如果世界的一切如本质论所认为的那般，只是各种恒定模式的外在表现，那么任何变化的发生都只能通过新模式的出现来实现。由于模式（本质）本身是不能发生任何变化的，新模式就只能形成于某一特定模式“瞬间”发生突变或者骤变时。支持这种观点的人，即骤变论者认为世界是非连续性的。骤变论者认为，突变能立即产生一个新模式。这一发生突变的个体及其后代就形成了一个新的物种。

骤变论的雏形最早出现在古希腊时代，18 世纪法国哲学家皮埃尔-路易·莫佩尔蒂（Pierre-Louis Maupertuis）再次将它引入大众视野。1859 年之后，不仅达尔文的许多反对者接受了这一理论，甚至他的一些朋友也接受了，这其中就有赫胥黎。尽管骤变论遭到了魏斯曼（Weismann）等达尔文主义者的猛烈抨击，但它仍然盛行了将近 100 年。即使在 20 世纪初，一些孟德尔学派的杰出遗传学家（德弗里斯、贝特森、约翰森）仍坚定地维护它。最后拥护这一理论的著作发表于 20 世纪中期。

骤变论之所以能长盛不衰，除了它符合本质论之外，还因为它与博物学家的观察也相符合。同一动植物区系中的所有物种彼此间似乎都没有联系，并且化石记录反映出的任何新物种的出现和消失似乎都是突发事件。在自然界，人们观察到的只是非连续的跳跃式变化，而非达尔文提出的缓慢进化。因此，如果无法解释这些非连续性，或者物种之间的这种断层，骤变论就不会被摒弃。不过，在回答这一问题之前，首先需要在物种分类方面有所建树，而这一目标直到进入 20 世纪很久之后才达成。

经过各种观察和论证之后，人们才摒弃了骤变论。人们首先认识到，物种不是模式，更不可能突然变成另外一个模式，物种是由众多生物种群组成的。同一种群中的生物个体不可能在同一时间发生完全一样的突变。因此，新物种是不可能瞬间产生的。这种认为突变的单一个体是群体突变的源头的假设在很多层面都说不通。个体的基因型是一个协调、平衡的系统，这个系统是一个生物群体经过上百万年时间的考验，通过一代代的自然选择形成的。众所周知，稳定基因型上出现的突变大多是有害的，也就是会影响个体的生存状况，甚至导致个体死亡。那么问题来了，如果一个重要基因发生的突变会对稳定的基因型带来颠覆性的影响，那么该如何保证发生突变的个体仍然能够生存下去并繁衍后代呢？从概率上来说，恐怕只有极个别的幸运儿[①]才有机会生存下去，而绝大多数突变，如果存在的话，都将失败。那么到哪里去寻找那些未存活下来的数百万个突变种呢？人们从未发现过它们存在的一丝证据，这是因为这种突变过程根本就没有发生过。

“逐渐变化”和“不连续”是两个不同的概念，如果不能明确地区分它们，将会导致歧义。当达尔文提出渐变性与连续性时，他已经清楚地知道分类单元之间存在间断。以现在的观点来看，就算两个物种之间存在间断，这也不一定是由骤变导致的。一方面，在了解了共同祖先理论以后，我们已经知道，并不存在“分类间断”，任何两个物种都指向它们的共同祖先，而它们与共同祖先之间各自存在连续的过渡群体。另一方面，同一群体中的不同个体可能具有显著的外在差别，例如蓝色眼睛和棕色眼睛，两颗臼齿和三颗臼齿，甚至一些更明显的差别。这种群体内的“表型间断”正体现了生物形态的多样性。一个可以引起表型差异的基因突变必须经过与突变前基因共存的阶段（基因多态性），才能够逐渐地“嵌入”整

① 遗传学家理查德·戈尔德施密特（Richard Goldschmidt）称之为“充满希望的怪物”。

个生物群落的基因当中，直到最终取代突变前的基因。需要承认的是，我们对新的表型的获得过程仍然了解不多，囊鼠口腔内两侧出现的颊囊就是一个例子。

达尔文曾不厌其烦地强调，绝大多数进化都是通过细微的变化一步步实现的。不过，并不是所有情况都是这样。有一些染色体只需一步剧烈突变就能产生新物种（见第 9 章），特别是在植物（多倍体）和某些动物（孤雌生物物种杂交）当中。不过，这些极端个例并不能推翻生物群体逐渐发生进化的事实。并且，必须强调的是，引起群体进化的突变有很大的变动幅度。

变化论

18 世纪，关于进化论的证据无处不在，无一不与古典的模式论相矛盾。鉴于此，本质论的信众开始松动其理论门槛，他们宣称：模式（本质）会随着时间的变化缓慢地发生变化，但是在给定的时间内，它仍然是恒定不变的。模式虽然会发生变化，但是变化后的模式和原先的模式仍然是同一客体。该观点认为，物种的进化很像受精卵到成熟个体的发育过程。事实上，“进化”一词最早被瑞士哲学家查尔斯·邦尼特用于描述个体发育先成论。甚至在德语里，在 20 世纪之前，个体发育与进化是同一个单词（即“Entwicklung”）。这种逐渐变化的思想也被称为变化论，它可以用于描述任何物体或者其本质的缓慢变化过程。无机界实体发生的很多变化过程都可以归为此类。比如，恒星从白色、黄色、红色、蓝色中的一种模式变为另外一种模式，地壳运动致使山峦逐渐隆起，以及由于侵蚀的缘故，导致这个隆起的山峰逐渐变低。变化论有两个重要特征，一是特定对象发生了变化，二是这种变化是缓慢连续的。

达尔文的良师益友、地质学家查尔斯·莱尔（Charles Lyell）是变化论的坚定支持者，并将其称为均变论。莱尔认为，自然界的变化，尤其是地质的变化，都是逐渐发生的，没有间断，也没有骤变。莱尔的影响是达尔文接受变化论的一个主要因素，尽管他最终提出的群体渐变论与莱尔的均变论有着本质的不同。

在生物界，变化论有两种，一种是基于环境的影响，另外一种则基于目的论的视角，即基于趋向完美的驱动。

基于环境影响的变化论 该理论也被称为拉马克理论，不过这种说法不太准确。该理论认为，生命的逐渐变化催生了进化，这种变化可能来自某个结构特征的“用进废退”，或者是因为环境因素直接作用于遗传物质。根据这个理论，生命的遗传物质具有“软性”，可以被环境改变，并且可以通过“获得性遗传”传给后代。这种理论基于软性遗传。

关于获得性遗传，最众所周知的例子就是长颈鹿的脖子。根据拉马克理论，长颈鹿的脖子之所以变长，是因为每一代长颈鹿都会努力吃到更高处的树叶，而这样变长的脖子会通过“获得性遗传”传给下一代。同理，不会再被使用的生理结构会逐渐弱化直至消失，穴居动物的眼睛发生退化就是一个例子。此外，“用进废退”会导致遗传物质发生变化，环境因素也会使遗传物质发生变化。在达尔文之前，人们普遍认为，黑人的皮肤之所以呈黑色是因为他们世代居住在赤道附近，受强烈的日照所致。事实上，生命体的很多表征都受到环境的直接影响。

毋庸置疑，1859 年至 20 世纪 40 年代综合进化论的形成过程中，接受程度最高的进化思想是变化论。甚至连达尔文也在一定程度上接受了这种软性遗传的观点，并认为这是变异的根源之一，即使他认为自然选择才是进化发生的主要因素。在综合进化论之前，包括达尔文在内的大多数博物学家都既接受自然选择，也接受软性遗传的观点。

拉马克对渐变论的解释得到了骤变论反对者的普遍接受。然而遗憾的是，所有试图证明这种解释的正确性的实验都不是很成功。孟德尔遗传学清晰地表明，基因非常稳定，这与软性遗传的观点完全相悖。最终，分子生物学研究表明，信息无法从身体中的蛋白质传递到生殖细胞中的核酸中。换句话说，获得性遗传根本不可能发生。这就是分子生物学的“中心法则”。

基于驱向完美的变化论（直生论） 该理论（或一系列理论）

的基础是目的论，它强调自然界具有内在的完美主义倾向，因此会自发地向更好的方向变化。坚持这一理论的学者包括艾默（Eimer）、伯格（Berg）、伯格森（Bergson）、奥斯本（Osborn）等人，这一理论也被称为直生论或者自生论。这一系列理论认为，模式（本质）在内在动力的驱使下，会发生稳定的改进，因此进化的发生并不是通过新模式的产生，而是通过现有模式向更完美的方向变化。由于没有实质性的证据，这一理论最终无疾而终。进一步说，就算这种内在驱动力真的存在，其所致使的进化路线也应该是直线性的。然而事实恰恰相反，古生物学家发现，所有的进化方向不是恒定的，而是会随机发生改变，有时甚至会反转。到今天为止，也没有出现过任何支持目的论的证据。

对目的论的否定在哲学界引起轰动，因为这是亚里士多德提出的重要假设之一，过去的大多数哲学家都是其坚定的支持者。康德就接受了目的论，并对 19 世纪德国进化论者产生了巨大的影响。

这三种基于本质主义的模式思维对这个世界及其变化（进化）所作的解释都站不住脚，是时候运用达尔文和阿弗莱德·拉塞尔·华莱士的观点来解释这个世界及其进化了。

05　变异进化

骤变论和另外两种变化论都没有涉及变异。这三种理论都严格地遵循本质论的观点。根据骤变论，进化的发生是通过新模式（本质）的产生，而根据变化论，进化的发生是通过模式（本质）的逐渐变化。

变异与种群思维

达尔文曾说，如果接受了本质论的观点，就不可能真正理解进化。物种和种群不是模式，它们都不是本质上确定的生物模式，相反，它们只是由遗传背景各不相同的个体组成的生物群体。革命性的视角需要与之匹配的革命性理论的支撑，这一理论便是达尔文的变异和选择理论。有两个关键证据促使他得出这一理论。一是他在研究藤壶时发现，自然界的种群本身存在变异；二是他通过观察动植物的繁殖发现，后代种群中没有两个个体完全一样。这些不同的生命个体无法通过本质论来解释，正如我们现在所知道的，在采取有性繁殖策略的生物群体中，没有任何两个个体的基因是完全相同的。

显然，大多数人很难理解这种独特性的重要性。他们只需记住，在全部人口中，没有任何两个人是完全相同的，就算同卵双胞胎也不例外。一面是本质论强调的由相同客体组成的类别，一面是由独特个体组成的生物种群，理解这两者之间的区别是理解种群思维的前提，种群思维也是现代生物学中最重要的概念之一。

> 种群思维与模式思维截然不同。坚持种群思维的人强调，生物界中的每个个体都是独特的。人类也是如此，没有任何两个人是完全相同的，其他动植物也一样。事实上，即使是同一个体，在其一生中，甚至当所处环境发生改变时，也会发生变化。所有生物和生命现象都是由独有的特征组合而成的，我们只能从统计的角度进行描述。生命个体或者任何有机体组成了生物种群，我们能通过统计学推测出种群的平均值和变异特征。平均值只代表统计学上的抽象概念，而组成种群的每一个个体都是真实的。支

持种群思维的人与模式论者最终得出的结论完全相反。模式论者认为，稳定的模式是真实的，而变异只是假象。支持种群思维的认为，模式（平均值）是抽象的，变异才是真实的。这两种看待自然界的观点真是大相径庭。

达尔文的变异进化论

众所周知，达尔文是变异进化论之父。他否定了本质论者认为的世界是由恒定不变的本质（柏拉图式的模式）组成的，而认为世界是由高度变化的种群组成的。而进化就是指群体中发生的变化。简而言之，进化就是整个生物群体中的个体的一代代更替。

自 1837 年开始研究进化现象以后，达尔文就苦苦思索："该如何解释进化的过程呢？"他能接受已经存在的理论吗？达尔文最终意识到，无论是骤变论，还是变化论，只要是基于本质论，就无法解释进化。他是正确的。所有从本质论的角度对进化作的解释都存在硬伤，在达尔文进化论提出之后的争论过程中，这些都被令人信服地证实了。

达尔文需要一种全新的理论来解释自然界中存在的许多变异现象。最终，他提出了基于种群思维的自然选择理论（见第 6 章）。同一时期，另一位博物学家也提出了相同的理论，他就是阿尔弗雷德·拉塞尔·华莱士。

尽管达尔文早在1859年就发表了《物种起源》(事实上，达尔文和华莱士首次发表他们的观点是在1858年)，但变异进化的思想真正被接受却是80年以后的事情了。在此之前，有两批独立的实践者很早就意识到群体中存在的变异现象，他们就是分类学家和动植物育种学家，巧的是，达尔文和他们一直保有密切的联系。

达尔文在整理乘坐贝格尔号考察期间采集的大量标本时，总是会遇到同一个问题：那些存在细微差异的标本到底是种群的变异所致，还是属于不同的物种？19世纪40年代，他在撰写藤壶的分类专著时得出结论，单一种群中不存在完全相同的两个标本。与人类一样，它们之间也各不相同。同时，从在剑桥大学读书时就一直与他保持联系的育种学家也跟他说了同样的情况。正是因为存在这种变异，他们才知道如何从种群中选择优良的个体作为亲本进行育种。

为了与骤变论和变化论区分开来，达尔文基于自然选择的进化理论被命名为“变异进化论”。根据该理论，生命群体中的每一代中都有大量携带遗传变异基因的个体，但只有很少的个体能生存下来并繁殖后代。这些拥有最高存活率和生育率的个体组合在一起就是那些最具适应性的个体。这些幸运儿的优势镌刻在基因里，在自然选择过程中，这些基因型会被保留下来。这些最能适应环境变化的个体会连续地生存、繁衍下去，因此，它所在种群的基因组成也会发生连续的变化。个体之间的生存率不同一方面是因为种群内新基因型之间的竞争，另一方面是因为影响基因频率的过程是随机的。由此引起的种群的改变被称为进化。由于这些改变是发生在生物种群内的独立个体身上的，因此进化本身必然是一个连续渐变的过程。

达尔文的进化理论

达尔文的进化观点常被称作达尔文主义。事实上，这一理论是一连串理论的集合，只有清晰地辨别出这些理论，才能真正地理解它们。进化讲堂 5-1 列举了达尔文最核心的进化观点。实际上，这些理论是由五种相互独立的理论组成的，这一点通过与达尔文同时代的进化论者支持或反对其中一些理论的态度就可以证明（见进化讲堂 5-2）。

这五种理论中的两种理论，即生物是进化的和共同祖先理论，在《物种起源》出版之后很快就被大多数生物学家所接受。这就是第一次达尔文革命。其中非常具有革命性意义的是，人们接受人类隶属于动物界灵长类的事实。其他三种理论，即渐变论、物种形成和自然选择，一直遭到激烈的抵制，直到被称为第二次达尔文革命的综合进化论被提出。魏斯曼和华莱士推翻了获得性遗传理论，他们提出的进化观点被乔治·约翰·罗马尼斯（George John Romanes）称为新达尔文主义。后来，人们将 1940 年提出的综合进化论简称为达尔文主义，因为其最关键的内容与 1859 年最初的达尔文主义一脉相承，尽管它废弃了获得性遗传的内容。

进化讲堂 5-1
What Evolution Is

达尔文的五种主要进化理论

1. 物种并非恒定不变的，而是一直处于变化当中（基本的进化理论）
2. 所有生命体都来自共同祖先（分支进化理论）
3. 进化具有渐变性（没有骤变，也没有间断）
4. 物种增殖（多样性的起源）
5. 自然选择

进化讲堂 5-2
What Evolution Is

早期进化论者对达尔文理论的接受程度

下表囊括了研究进化的不同学者对达尔文进化论中重要观点的接受程度。所有学者都同意世界是非静态的，一直处于变化当中。他们的分歧出现在其他四个方面。

早期进化论者	共同祖先	渐变性	物种形成	自然选择
拉马克	否	是	否	否
达尔文	是	是	是	是
海克尔	是	是	?	部分
新拉马克主义者	是	是	是	否
赫胥黎	是	否	否	否
德弗里斯	是	否	否	否
摩尔根	是	否	否	不重要

尽管达尔文的渐变论与变化论有相通之处，但由于骤变论者的强烈反对，渐变论直到综合进化论时期才被广泛接受。需要指出的是，达尔文的渐变理论与变化论者提出的渐变理论有着本质的不同。变化论者的渐变是指本质模式的渐变，而达尔文的渐变则源于种群的逐渐重建。因此，一个种群的表型，按达尔文的进化论观点一定是渐进的（见第 4 章）。对于那些骤变或者间断进化的现象，达尔文主义者必须证明是种群渐变重建过程引起的。

变异

变异是达尔文式的进化发生的前提，因此，变异的本质就成了进化论研究中的一个核心内容。变异是采用有性繁殖策略的物种的重要特征，这一特征保证了每个个体的独特性。比如，同一种群的蜗牛、蝴蝶或者鱼乍看上去可能都一样，但在深入观察后会发现，每个个体在大小、各部位的比例、色彩图案、鳞片、毛发等各方面都存在差异。进一步的研究表明，变异性不仅会影响可视特征，而且会影响生理特征、行为模式和生态习性（比如对气候变化的适应）以及分子模式。这一切证据都证明了一件事：每个个体都是独特的。而且正是由于变异的持续发生，自然选择过程才能进行。

尽管早在达尔文时代，博物学家就已经意识到表型变异的存在，但早期的遗传学家却认为基因型的构成基本上一致。在 20 世纪 20 ～ 60 年代，群体遗传学家发现种群内存在大量未被发现的变异，这遭到了经典遗传学学者的质疑。然而，即使最坚定的达尔文主义者也认为，分子遗传学手段也未必能完全揭示物种中基因变异的数量。分子遗传学不仅发现 DNA 中大部分都是非编码 DNA（“垃圾”），而且发现许多，甚至绝大部分等位基因都是“中性”的，也就是它们的突变并不影响表型的适应性。现在人们都知道，看似相同的表型在基因层次上可能存在很大差异。

多态性

有时候，变异可以分成有限的类别，这种现象被称为多态性。对于人类而言，眼球的颜色、头发的颜色、头发的曲直以及不同血型等特征都是多态性的表现。多态性让我们更深刻地理解了自然选择的强度和方向，以及潜在变异的成因等。有两项著名的多态性研究，一项是凯恩（Cain）和谢泼德（Sheppard）以带条纹蜗牛为实验对象的体色多态性的研究，另一项是杜布赞斯基对果蝇染色体排列多态性的研究。在大多数案例中，人们不知道是什么机制长时间维持着群体内的多态性。选择压力通常被假定是平衡的，但杂合体偏好保存种群稀有基因的优势可能会强化这种平衡。环境越复杂，表型呈现出的多样性就越强，带条纹蜗牛就是一个很好的例子。

变异的根源

变异的根源是什么？它是如何发生的，又是如何从一代传到另一代的？这些问题困扰了达尔文一生，他虽然付出了巨大努力，但仍未找到答案。直到 1900 年以后，随着遗传学和分子生物学的快速发展，人们才了解了变异的性质。若想完全了解进化过程，就必须了解遗传的基本情况。因此，遗传学研究成为进化研究的重要部分。但是，只有可遗传的变异才能在进化过程中发挥作用。

基因型与表型

早在 19 世纪 80 年代，一些敏锐的生物学家就发现遗传物质（种质）与生物体的物质（体质）是不同的，这种区分在早期孟德尔主义者引入基因型与表型两个概念时就有体现。但当时盛行的观点是，遗传物质是由蛋白质组成的，与组成生物体的蛋白质一样。直到 1944 年奥斯瓦尔德·埃弗里（Oswald T. Avery）证明核酸才是真正的遗传物质，顿时引起轰动。现在，我们对生命体及其遗传物质需要一种全新的定义。遗传物质本身指的是基因组（单倍体）或者是基因型（二倍体），它控制着生物体身体及其所有特征的表达，即我们所说的表型。表型是个体在发育过程中其基因型与环境相互作用的结果。特定的基因型在不同环境下造成表型变异的幅度被称为“反应规范”。比如，在养分更肥沃、水分更充足的环境里长成的植物会更高、更茂盛。水毛茛（*Ranunculus flabellaris*）在水下的叶子似羽毛，而水上的叶子都很宽大（图 6-3）。正如我们即将要说明的，受自然选择影响的是表型，而非基因。

生物的特征是由“先天”（即基因）决定的，还是由“后天”（即环境）决定的呢？这在过去曾是一个热议话题。过去 100 多年里所有的研究都表明，生物的大多数特征是两者共同作用的结果。由多个基因控制的特征更是如此。有性繁殖群体中的变异有两个来源，两者互相强化：基因型的变异（有性繁殖群体中的每个个体在基因层面上都不是完全相同的）与表型的变异（每个基因型都有自己的反应基准）。在同样的环境下，不同的反应规范可能做出的反应大有不同。

遗传变异

今天我们对变异的理解多亏了遗传学的兴起。遗传学是一门研究遗传现象的学科，自从 1900 年被创立以来，这门学科已经发展

湛庐CHEERS | 科学大师书系

湛庐文化·科学大师书系

《人类的起源》

作 者：[肯尼亚]理查德·利基
Richard Leakey
定 价：69.90 元
ISBN：978-7-213-09300-5

《基因之河》

作 者：[英]理查德·道金斯
Richard Dawkins
定 价：69.90 元
ISBN：978-7-213-09485-9

《宇宙的起源》

作 者：[英]约翰·巴罗
John Barrow
定 价：69.90 元
ISBN：978-7-5576-7864-7

《宇宙的最后三分钟》

作 者：[澳]保罗·戴维斯
Paul Davies
定 价：69.90 元
ISBN：978-7-5576-8009-1

《六个数》

作 者：[英]马丁·里斯
Martin Rees
定 价：69.90 元
ISBN：978-7-5576-8592-8

《性的进化》

作 者：[美]贾雷德·戴蒙德
Jared Diamond
定 价：69.90 元
ISBN：978-7-5576-8635-2

《丹尼尔·希利斯讲计算机》

作 者：[英]丹尼尔·希利斯
W. Daniel Hillis
定 价：69.90 元
ISBN：978-7-5576-8775-5

《丹尼尔·丹尼特讲心智》

作 者：[美]丹尼尔·丹尼特
Daniel C. Dennett
定 价：79.90 元
ISBN：978-7-5576-9452-4

《李·斯莫林讲量子引力》

作 者：[美]李·斯莫林
Lee Smolin
定 价：89.90 元
ISBN：978-7-5647-9340-1

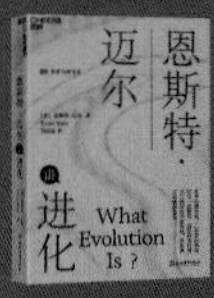

《恩斯特·迈尔讲进化》

What Evolution Is
作 者：[美]恩斯特·迈尔
定 价：89.90 元
ISBN：978-7-5722-5335-5

成为生物学领域最大的分支之一，有着丰富的事实依据，也提出了很多理论。任何一本讲述进化遗传学的教科书都可以轻而易举地超过 300 页。本书的内容仅限于遗传学的基本原理，不涉及大量细节性知识，这一部分内容读者可以自行参考业内的名家巨著，推荐阅读梅纳德·史密斯（Maynard Smith）的书、哈特尔（Hartl）与琼斯（Jones）合著的书。任何生物学教科书上有关遗传学的内容都适用于初学者，特别是坎贝尔（Campbell）的书，或者更深入一些的，如弗图摩、里德利与斯蒂克伯格的著作。幸运的是，本书列出的一些遗传学的基本原理已足够用于了解进化，下面列出的 17 条原理是最重要的遗传学原理。

遗传学的 17 条原理

1. 遗传物质是恒定的，它不会随着环境的改变而改变，也不会随着表型的退化或增强而改变。遗传物质的稳定遗传被称为“硬遗传”。环境不会改变基因。表型蛋白质上获得的特征并不能传递给生殖细胞中的核酸，也就是获得的特征不能遗传。

2. 埃弗里于 1944 年发现，遗传物质由 DNA（脱氧核糖核酸）分子组成，有些病毒也会采用 RNA（核糖核酸）作为遗传物质。沃森和克里克于 1953 年发现了 DNA 分子的双螺旋结构（见图 5-1）。

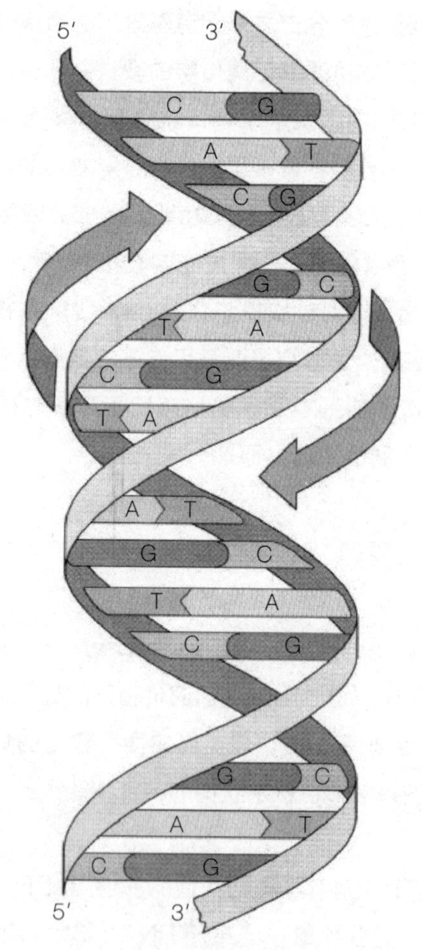

图 5-1　著名的 DNA 双螺旋结构

注：碱基对总是一个嘌呤对一个嘧啶，构成螺旋阶梯上的水平台阶。图片来源：Futuyma, Douglas J. (1998). *Evolutionary Biology* 3rd ed. Sinauer: Sunderland, MA.

3. DNA 指导蛋白质与脂类及其他分子一起合成表达了生物体的表型。DNA 控制着氨基酸的组合，而氨基酸在细胞结构和机制的帮助下转化为蛋白质。

4. 真核生物的 DNA 大多数位于细胞核内，在经过折叠与组装后形成很多纵向体，被称为染色体（见图 5-2）。在一些细胞器，比如线粒体和叶绿体中，也存在少量 DNA 和 RNA。

5. 采取有性繁殖的生物大多数是二倍体，这意味着它们有两套同源的染色体，一套来自父本，一套来自母本。

6. 雄性和雌性配子都是只有一套染色体的单倍体。当卵细胞受精后，精子和卵细胞会发生融合，形成二倍体的受精卵（见第 7 条原理）。孟德尔遗传之所以被称为“颗粒遗传”，正是这个缘故。

7. 在卵细胞受精的过程中，带有父本基因的父本染色体并不与带有母本基因的母本染色体发生融合，而是在受精卵中独立共存。遗传物质正是依靠这样的机制得以稳定地代代相传，除非发生偶然的突变（见第 11 条原理）。

8. 位于染色体上的基因控制着生物的特征。

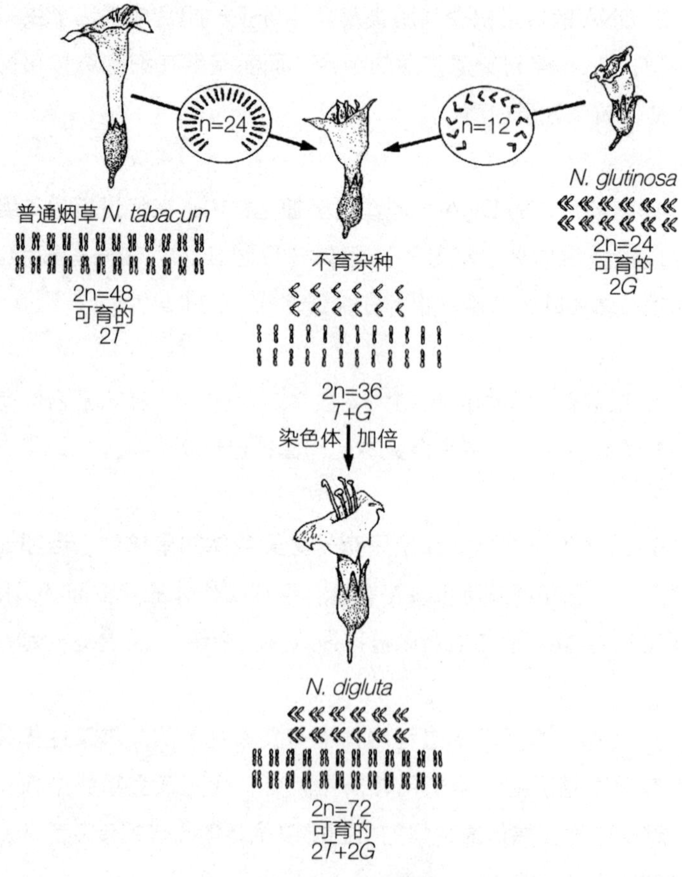

图 5-2　多倍体的起源

注：两种植物杂交之后通常会产生不育杂种。而在有些杂交中，染色体数目的加倍有时会产生可育的异源多倍体。图中未译出部分为物种拉丁文名。图片来源：Strickberger, Monroe, W., *Evolution*, 1990, Jones and Bartlett, Publishers, Sudbury, MA. www.jbpub.com.

9. 基因的分子结构就是一长串具有特殊功能的核酸碱基对。

10. 总的来说，体细胞的所有细胞核内都含有完全相同的基因。

11. 虽然在大多数情况下，基因是稳定的，但偶然会发生突变。突变后的基因会再次稳定下来，直到新的突变再次发生。

12. 一个生物体的所有基因构成了它的基因型。

13. 每个基因都存在数个不同形式，被称为等位基因，正是等位基因的存在才保证了不同生命个体之间的差异性（见图 5-3）。

14. 在二倍体生物体的细胞内，每种基因都有一对，一份来自父本，一份来自母本。如果这两个基因是相同的等位基因，该生物就被称为纯合子，反之，则被称为杂合子。

15. 在杂合子中，两个等位基因中只有一个基因在表型中能得到表达，该基因就被称为显性等位基因，另一个基因则被称为隐性等位基因。

16. 基因具有复杂的结构，由外显子、内含子以及侧翼序列组成（见图 5-4）。

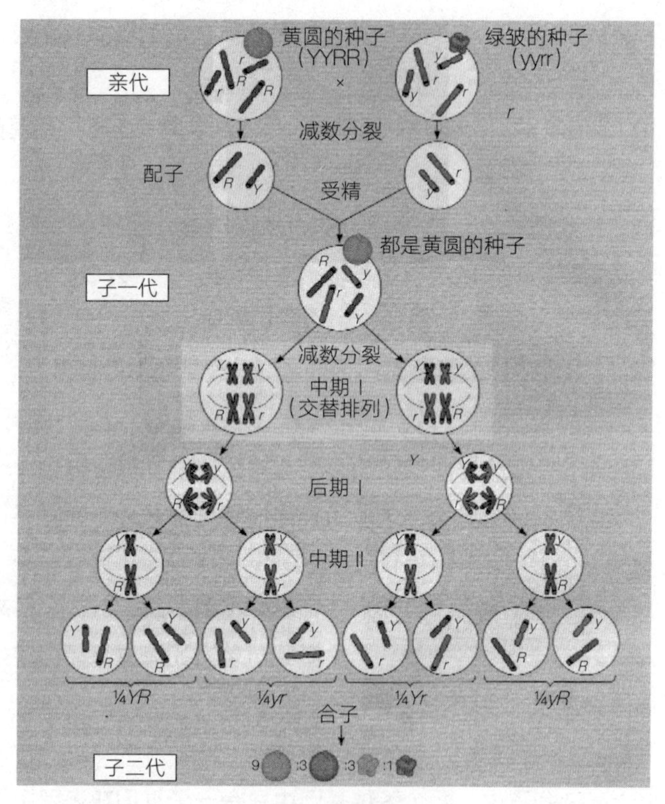

图 5-3 等位基因

注：一个基因可以具有不同的形式，孟德尔在一项杂交试验中选用了一套控制种子颜色的两个等位基因（黄色种子的是显性基因 *Y*，绿色种子的是隐性基因 *y*），以及另外一套控制种子形状的两个等位基因（圆形光滑的种子是显性基因 *R*，不光滑褶皱的种子是隐性基因 *r*）。该图显示了两套等位基因杂交后的实验结果。图片来源：Figure 15.1, p. 262 from *Biology* 5th edition, by Neil A. Campbell, Jane B. Reece, and Lawrence G. Mitchell. Copyright © 1999 by Benjamin/Cummings, an imprint of Addison Wesley Longman, Inc. Reprinted by permission of Pearson Education, Inc.

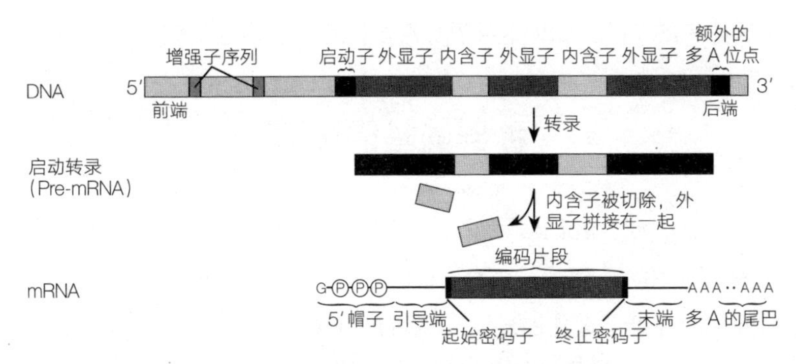

图 5-4 一条真核生物基因的结构示意图

注：包括外显子、内含子以及侧翼序列。图片来源：Futuyma, Douglas J. (1998). *Evolutionary Biology* 3rd ed. Sinauer: Sunderland, MA.

17. 从功能的角度来看，基因分为很多种类，有的基因控制着其他基因的表达。

基因的年龄 现代分子生物学最惊人的研究成果之一莫过于发现了很多极其古老的基因。这些基因的碱基对非常保守，以至于不同物种具有完全相同的基因片段。例如，某种哺乳动物的基因也是果蝇或线虫基因组的组成部分，在动植物的基因中，甚至能看到细菌基因的影子。这些古老的跨物种基因的发现对于研究致病基因具有非凡的意义。比如，如果某个基因在人体和小鼠体内都可以表达，就可以将突变的人类基因嵌入小鼠体内，再试验哪种药物可以治疗这种疾病。跨物种基因在基因工程方面有着很广阔的应用前景。此外，比较同一基因在不同物种中的表达情况，也可以促进我们对该基因功能的了解，即便这种操作在实际工作中很难实现。

种群的基因更替

根据哈迪-温伯格定律（也称遗传平衡定律），一个种群中的基因会稳定地遗传下去，除非基因丢失或者获得新基因。而正是这些变化才保证了进化的发生（见进化讲堂 5-3）。

对于进化来说，有 7 个至关重要的过程：选择、突变、基因流动、遗传漂变、偏好变异、转位因子以及非随机交配。我们将在第 6 章讨论选择，接下来我们先探讨一下其他 6 个过程。

进化讲堂 5-3
What Evolution Is

哈迪-温伯格定律

在遗传学研究的早期，对于是什么决定了一个群体中等位基因的频率这个问题，人们很困惑。1908 年，英国的 G. H. 哈迪（G. H. Hardy）和德国的 W. R. 温伯格（W. R. Weinberg）用数学方法证明，群体中等位基因的频率在世代交替中会保持不变，除非某些现有基因丢失了或者获得了新基因。他们用一个数学公式表述了这一发现，即二项展开式，这是对数学定律的重新应用。实际上，这是一个严谨的数学解答公式，而非生物学定律。

我们用一个例子来说明这一点。假设一个群体中的一个基因由两个等位基因 A1 和 A2 来表示。 A1 的频率为 p，A2 的频率为 q，p + q = 1。那么在繁殖中，将会出现的配子和基因型的频率如下表。

		精子	
		A1(p)	A2(q)
卵细胞	A1(p)	A1A1(p^2)	A1A2(pq)
	A2(q)	A1A2(pq)	A2A2(q^2)

二项扩展式 $(p + q)(p + q) = p^2 + 2pq + q^2$ 将在世代交替过程中保持不变，除非有基因丢失了或者获得了新基因（见下文）。

突变

在生物学史上，“突变”这个词的用法有很多。1910 年以前，突变指生物模式（本质）发生的重大变化，尤其指那种瞬间产生新物种的变化。1910 年，摩尔根将突变定义为基因型自发产生的突然变化。基因突变是因细胞分裂过程中 DNA 复制发生错误导致的。虽然在细胞分裂和配子形成的过程中 DNA 的复制非常精准，但偶尔会有错误发生。某个碱基对被另一个碱基对取代被称为一个基因突变。当然还存在一些更大的基因型变化，比如染色体的倒置，多倍体的形成，或者基因排列发生变化，这些都属于染色体突变。从DNA（信使 RNA，核糖体）到氨基酸或者表型多肽的合成，这一信息路径发生的任何变化都属于突变；染色体中转位因子的插入也能引起突变。任何引起表型变化的突变不是有利于减轻自然选择带来的压力，就是遭到淘汰。

根据突变对进化方向的影响，我们将突变分为三种类型：有益的、中性的以及有害的。基因型中携带有益突变的个体会得到自然选择的支持。事实上，大多数种群发展至今都历经了无数次自然选择，有益突变已经被尽可能地筛选出来了。基因库相对稳定，只要生存环境没有发生太大变化，出现有益突变的可能性很小。中性突变不会改变表型，这种突变的发生概率也是三种突变里最高的。我们将会在下文中讨论突变的进化意义。有害突变会遭到自然选择的抵制，随着时间的推移最终会被淘汰。如果这些突变是隐性的，它们会在杂合体中隐藏并继续生存下去。如果它们直接被淘汰，它们就是所谓的致死突变。每个基因被选择的概率与它们和整个基因组的相互作用有关。

尽管所有的新基因都来自突变，但自然界种群中的绝大多数表型变异都源自染色体的重组。在人们完全理解自然选择的作用之前，许多进化论者都认为进化是“突变压力”下的结果。这种观点显然是不正确的。一个基因在一个生物种群内出现的频率可能与长期的自然选择和随机事件有关，而非与突变的频率有关。

基因流动

除了与世隔绝的群体，每个地域性生物种群的基因组成都受到同物种其他种群基因迁入和迁出的强烈影响。这种相邻种群之间的基因交换被称为基因流动。基因流动是一种保守机制，可以阻止那些未孤立种群的分化，是那些广布种物种稳定和密布种进化停滞的主要原因。基因流动因种而异，因种群而异。高度定居的物种发生基因流动的概率很低，而那些具有强烈扩散倾向的物种发生基因流动的概率更高。

事实上，在一个生物种群中，不同个体的扩散喜好也大不相同，存在明显的多态性。有些个体非常恋家，有些喜欢短途旅行，而少数个体可能会翻山越岭，背井离乡，远行几百千米不在话下。最后这些个体的进化意义最大。它们当中的大多数也许会被环境淘汰，但有一小部分可能会成功地适应栖息地，建立奠基种群。

有些物种的扩散范围非常大，甚至遍布全球，明显的例子有孢子植物，以及那些靠风力散播卵的动物物种，比如某些缓步动物和甲壳动物。事实上，即使较小范围的扩散也能有效地避免地域性种群的趋异现象。基因流动是物种在进化过程中经常采用的一种非常保守的策略。

遗传漂变

在一个小种群中，一些随机的抽样错误可能就会造成等位基因的消失，这种现象被称为遗传漂变。事实上，等位基因的这种随机消失也会发生在数量庞大的群体中。而对于分布广泛的群体来说，这种遗传漂变通常不会造成严重后果，因为基因流动很快会将遗失的等位基因补回来。然而，对于数量较少的“奠基种群”来说，其亲本基因库中的抽样很不均衡，这很可能会促进该群体基因型的重组。

偏好变异

杂合子细胞在减数分裂过程中，有些基因会影响等位基因的分离，使得一个亲本染色体的等位基因在一半以上的情况下进入配子。如果这一等位基因控制的是不适应的表型，就会遭到自然选择的淘汰。只有极少数情况下这种偏好变异可以战胜自然选择，避免被淘汰的命运。

转位因子

转位因子本质上是 DNA 序列（即基因），与一般基因不同的是，它们并不固定地占据染色体上的某个位点，而是会转移到同一染色体或者不同染色体的新位点上。转位因子可分为不同种类，其产生的效果也不尽相同。当它们插入一条染色体的新位点时，可能会造成相邻基因发生突变。转位因子经常产生一些快速复制的短DNA 序列，比如，有一个序列名为 Alu，就是一种高度重复的序列，许多哺乳动物个体中有高达 50 万份 Alu 重复序列。这类基因占到人类基因组总量的 5%。到目前为止，我们没有发现这类基因在自然选择方面有任何积极意义。相反，它们一般是有害的，但并没有被自然选择淘汰，而是依然稳定存在。

非随机交配

对于所有具有性选择的物种而言，交配的一方可能对配偶的表型有一些特殊的偏好。这就是某些基因型能够被非随机地挑选的原因。

一些同域物种形成的例子就是非随机交配产生的结果。在某些鱼类群体中，特别是慈鲷，其雌性似乎倾向于与某个特定亚生态位的雄性交配。例如，鱼类物种 A 占据了湖泊中的底栖区和开放水域，其中一些雌鱼会优先与喜好底栖的雄鱼交配。当捕食和交配不再是随机事件时，两个新种群就会形成，其中一方为底栖活动和取食，另一方则为开放水域活动和取食。在适当的时候，这两个种群可能进化为两个完全独立的同域物种。当然，大多数鱼群中并不会形成同域物种。在一些有寄主特异性的昆虫中，如果交配双方都偏好在同一种植物上交配，也可能会形成同域物种。

无性繁殖与进化

根据达尔文的理论，进化的成功依靠的是连续发生的大量变异。绝大部分这种表型变异只能通过有性繁殖过程，也就是双亲染色体的重组来实现。而有性繁殖是真核生物独有的。然而，自然界中的很多生物采取的是无性繁殖的策略。那么它们是如何产生变异来适应环境的变化的呢？

绝大多数通过无性繁殖策略产生的后代，其基因与亲本是完全相同的。通过这种方式繁衍出的区系被称为无性系，也被称为克隆。那么无性系是如何获得新的基因变异的呢？在高等生物中，新基因的获得往往是通过突变来实现的。一个新的突变就会产生一种数量很少的新无性系。如果这种突变是有益的，新无性系就会迅速壮大，并且通过更多突变逐渐与亲本无性系分离。最终，最成功的无性系群体之间的差异可能与那些采用有性繁殖策略的物种之间的差异不相上下，如蛭形轮虫。不成功的无性系则会灭绝，从而在无性系高级分类单元的物种之间产生间断。

原核生物都是无性繁殖的。它们获得变异基因的方式除了突变，还有就是通过与其他无性系之间的基因单向交流。对于真核生物而言，一旦有了性别，无性繁殖就变得很罕见了。在属以上的分类单元中，只有三种较高分类单元的动物类别全部由单性繁殖的无性系构成。严格意义上的无性繁殖在植物当中很罕见，不过在一些真菌类群中却很普遍。

由于原核生物采用无性繁殖，其所有个体都是同性。到目前为止，我们在原核生物中没有发现过有性繁殖。而几乎所有的真核生物都采用有性繁殖的方式。在高等动植物中发现单性繁殖明显是次生现象，一般来说仅限于某个属内的单一物种，或者一个孤立的属。只有少数几个科的所有动物都采用单性繁殖。可以明显地看出，动物中时不时会出现单性繁殖，但这些无性系很快就会灭绝。

有性繁殖和无性繁殖

无性行为在真核生物中如此罕见意味着什么？我们据此推测，在高等生物中发现的无性繁殖——单亲本繁殖并非原生，而是次生的。无性繁殖虽然反复、独立地出现在不相关的类群中，但是很快就灭绝了。无论有性繁殖的选择优势是什么，在两者的竞争中，无性繁殖始终缺乏成功的例证来证明它具有一定优势。

乍看上去，无性繁殖的效率要远远高于有性繁殖。假设一个种群内有两类雌性，每类雌性都孵育有 100 个后代，每一代最后都只有两个个体存活下来。雌性 A 采取有性繁殖，它的后代中有 50 个雄性和 50 个雌性。雌性 B 采取无性繁殖，它的 100 个后代都是雌性。通过简单的计算就会发现，不久以后，种群中的个体将几乎都是与雌性 B 一样的无性个体。

无性繁殖的雌性可以生产可育的卵细胞（即孤雌生殖），不会浪费任何配子去生产雄性，其生殖效率至少是有性繁殖个体的 2 倍。既然雌性个体无须雄性的参与就能单独完成生殖任务，为什么自然选择不青睐孤雌生殖呢？

自 19 世纪 80 年代起，进化论者针对有性繁殖是否具有选择优势展开了争论。到目前为止，双方都未胜出。在这类争论中，一般多元化的观点可能是最准确的。换言之，有性繁殖具有某些优势，这些优势加起来胜过无性繁殖的优势。若要理解自然选择为何倾向于生殖率更低的有性繁殖，我们就必须先了解有性繁殖的整个过程。

减数分裂与重组

经过 100 多年的研究，人们才对有性繁殖有了全面的了解。达尔文终其一生都未弄明白遗传变异的源头。现在我们知道，若想了解遗传变异的源头，需要了解配子的形成过程、基因型和表型之间的区别，以及它们各自在自然选择中的作用，同时还要理解种群的变异。

奥古斯特·魏斯曼与一群细胞学家找到了答案。他们的研究揭示，在有性繁殖中，配子的形成经历了两次特殊的细胞分裂（见进化讲堂 5-4）。在第一次分裂中，分别来自母系和父系的同源染色体紧紧地吸附在一起，之后从一个地方或若干个地方断裂开，断裂开的染色体已经交换了部分基因，所以现在的每条染色体都是嵌合了母系与父系基因的新染色体。这个过程叫作交叉。第二次细胞分裂形成配子的过程中，染色体并不会分裂，但成对的染色体中的一条染色体会随机地进入一个子细胞中，另一条染色体则进入另一个子细胞中。结果是，每个配子中的单倍体染色体数目是通过受精卵产生的二倍体染色体数目的一半。经过两次分裂形成配子的过程被称为减数分裂。

减数分裂中的两个过程促成了亲本基因的剧烈重组：（1）第一次减数分裂中染色体的互换；（2）在减数分裂的过程中，同源染色体随机地进入子细胞中。通过这两个过程，亲代基因得到重组，形成全新的基因型。这些基因型又会产生新的表型，从而为自然选择提供了丰富的素材。

进化讲堂 5-4
What Evolution Is

减数分裂

减数分裂是指单倍体配子形成之前所经历的两次连续的细胞分裂。在第一次细胞分裂的过程中，同源的姊妹染色体紧紧地吸附在一起。在交叉的过程中，它们可能会在重叠的地方断裂开，一条断裂的染色单体可以与姊妹染色单体断裂端连接，从而形成新的染色体。在紧接着发生的第二次细胞分裂过程中，同源染色体随机地向细胞两极移动，从而产生一套全新的染色体组。在这两次细胞分裂的过程中分别发生的交叉与同源染色体向两极的随机移动，产生了一个全新的重组后的亲本基因型。

在减数分裂过程中得到的配子（精子与卵细胞）都是单倍体，通过受精过程又可以恢复为二倍体。关于减数分裂的详尽情况，感兴趣的读者可以参见生物教科书。

无论有性繁殖的选择优势是什么，它们在动物身上确实具有无可替代的优势，这一点可以从所有试图返回无性繁殖的尝试都失败了的事实明显看出。在高等植物中，并未发现强制性无性繁殖，但是在植物中普遍存在着无融合结子，即不经过精子与卵细胞融合成合子而产生种子的生殖方式。单性繁殖比较常见于某些原生生物、真菌和部分无维管植物中。原核生物只有无性繁殖，这一过程中单向的基因传递提供了基因变异的来源。

为什么自然选择喜欢变异程度更高的基因型

尽管无性繁殖是偶然现象，但在庞大的动物界中还是普遍存在的，只是在鸟类与哺乳动物中没有发现。在绝大多数情况下，无性繁殖类群仅限于有性繁殖属内的单一物种，抑或某个无性繁殖属。在属以上的高级分类单元中，只有三个类群完全采用单性繁殖的策略，它们分别是蛭形轮虫、部分介形虫和部分螨虫。显然，这些物种通过牺牲有性繁殖来换取双倍的生殖率，但无性繁殖方式早晚会消亡。一个多世纪以来，进化学家一直在研究有性繁殖具有优势的本质原因，但到目前为止还未达成一致。可以肯定的是，当某个种群突然遭遇极端环境时，它的基因多样性越高，面对不利环境能适应的机会就更大，而无性系这类基因型相对单一的种群则很难存活。

关于有性繁殖为什么更能承受自然选择的压力，人们提出了很多种解释，所有这些解释都有一个共同点，与无性繁殖相比，有性繁殖种群有益突变的存活率更高，有害突变淘汰得更快。例如，对抗病原体（新疾病）最好的应对方式是产生新的抗性基因。由核酸组成的基因并不会直接面对自然选择，面对选择的是在受精卵发育的过程中转化为表型的蛋白质以及其他表型成分（见第 6 章）。表型就是基因型与环境相互作用的产物。相比于突变或者其他过程，有性繁殖产生了更多的表型以供自然选择挑选，是有性生殖种群的主要变异源头。这种产生大量变异的能力可能就是有性繁殖的主要选择优势。正是这种重组能力使有性繁殖在进化上占据着重要地位。

基因重组

在有性繁殖的生物种群中，两个成员进行交配所产生的后代的基因虽然都源自亲代，但都进行了全新重组。用“基因库”这个词来囊括一个生物种群中的所有基因并不准确。“基因库”中的基因并不是独立的，而是呈线性排列在染色体上。采用有性繁殖策略的二倍体物种的每个个体的染色体上都携带着一套来自父本和一套来自母本的单倍体基因。这就是 20 世纪初提出的萨顿－鲍威尔理论，这一理论随后得到了摩尔根的证实。这种亲本基因的二倍体组合就是基因型，每个个体都是两套亲本基因的独特组合。表型是基因型的产物，一般是自然选择的真正对象。种群中的基因重组是自然选择过程中表型变异的主要源头。

基因横向转移

原核生物没有有性繁殖，因此它们的基因无法通过基因重组来获得遗传变异的能力。事实上，细菌中的遗传变异是通过与另外一个细菌连接在一起，并向其传递部分基因而实现的，这个过程我们称为“单侧横向转移”。这一过程传递的有关基因类型的信息很少，它可能仅限于某些特定的基因。因为像革兰氏阴性菌、革兰氏阳性菌以及蓝细菌这些主要细菌类型不会通过“单侧横向转移”实现融合。古细菌也可以与其他科的细菌交换基因。

在有性繁殖出现之后，横向转移发生了什么变化？直到 20 世纪 40 年代，人们一度以为这一过程在有性繁殖的物种中消失了。然而芭芭拉·麦克林托克（Barbrara McClintock）在玉米基因中发现了转座子，这是一种可以从一条染色体上移动到另一条染色体上的基因。这个全新的发现出乎人们的预料，大家并不知道这种现象是否广泛存在。除此之外，还存在一些独立于染色体之外的核酸类物质（例如质粒）。这些遗传物质对无性繁殖的原核生物具有重要作用。一旦它们影响了表型，就会变成自然选择的对象。

基因的相互作用

基因是如何产生表型的，这是生理遗传学或发育遗传学的研究主题。简单起见，人们长期以来一直假设基因之间相互独立，互不关联。这一假设是错的。实际上，基因之间互动频繁且十分普遍。例如，很多基因可以同时影响多个表型，这类基因被称为多效性基因。基因的多效性一般都是通过有害基因被发现的。比如引起镰状细胞性贫血的基因（见图 6-2）、引起囊性纤维化的基因以及类似的基因突变。这些有害基因影响了很多器官中一些基本组织的结构，导致器官出现病症。另一方面，也存在一种表型受多个基因影响的情况，这类遗传方式被称为多基因遗传。基因多效性和多基因遗传增强了基因型内部的相互作用（基因型内聚性），基因之间的多重交互作用被称为异位显性。

到目前为止，我们仍然对基因之间的相互作用知之甚少。在之后的章节中当谈及进化的停滞、爆发以及镶嵌进化时，我们会再度回到这个话题。所谓的“基因型内聚性”只是基因之间相互作用的一个具体表现，研究基因型的结构是进化生物学领域最具挑战性的课题。

基因组的大小

假设新基因的产生与进化是同时发生的，人们可能会认为在种系发生树上位置越高的物种，基因组也越大。在一定程度上，这个结论是正确的。基因组的大小是根据碱基对（bP）的数量来衡量的。人类的基因组约为35亿个碱基对①，蝾螈和肺鱼的基因组也非常大，而细菌的基因组大约仅有400万个碱基对。植物的基因组的大小也存在很大的变化幅度。

为什么生物的基因组存在这么大的差异，即使在近缘物种之间也存在巨大不同？原因在于存在两种DNA，在发育过程中活跃的编码DNA和不活跃的非编码DNA（见进化讲堂5-5）。兆碱基对级别的差异通常都是由于携带了数量差异很大的非编码DNA，这类基因也被称为“垃圾DNA”。这类DNA的产生和增加是由多种机制导致的，尤其是逆转录转座子。垃圾DNA也有淘汰机制，不同物种的淘汰机制效率各不相同。若想完全了解控制基因组大小的因素，我们还有很长的路要走。编码DNA大小远小于非编码DNA，而且它们的变异性也比人们认为的要小。

---

① 也有说人类基因组中约有30亿个碱基对。——编者注

进化讲堂 5-5

What Evolution Is

非编码 DNA

染色体上比例很大的 DNA 并不具备明显的功能，如编译 RNA 或者蛋白质。这种有时被误认为是“垃圾”的 DNA 在人类基因组中的比例高达 97%。在人类的基因组中，非编码 DNA 包括内含子、重复序列（如微卫星 DNA），以及许多像 Alu 序列一样的“散布元件”。

达尔文主义者普遍认为，这些表面上无意义的 DNA 如果真没什么意义，早该被自然选择淘汰了。事实上，内含子具有一定的功能，就是在基因被激活（DNA 的信息转译到蛋白质上）之前将外显子分离，在转译过程中，在基因转译为蛋白质之前，内含子就被切除。内含子中包含许多调控元件（调控可以结合的 DNA 位点，起转录调控基因的作用）。内含子还被认为可以通过顺式作用或者反式作用因子的交替增加真核生物的遗传复杂度。

新基因的起源

一个细菌大约有 1 000 个基因，人类大约有 3 万个功能基因。

这些新基因都是从哪儿产生的呢？它们来自复制。复制的基因会串联插入姊妹基因临近的位点，这样的新基因被称为“旁系同源基因”。起初，这两种基因的功能是一样的，但随着时间的推移，旁系同源基因发生了突变，获得不同于原来的新功能。原始的姊妹基因也会发生突变，这些基因的直接后代叫作“直系同源基因”。同源性的研究只限于比较直系同源基因。

基因组的增加除了源自单一基因的复制，还源自一组基因、整个染色体甚至整个染色体组的复制。比如，一种涉及着丝点的特殊机制可以导致哺乳动物某些目中的动物体内发生整个染色体组的复制，从而使这些目的染色体数目呈现出很大的差异性。此外，横向转移也是一种基因组增加的方式。

基因的种类

分子生物学的研究发现，基因的种类很多。有些基因直接控制着有机物质的合成（通过酶），还有一些控制着产生基因的物质的活性。在果蝇的 12 000 个基因中，有 8 000 个基因的突变似乎对表型没有影响。这些基因发生的变化我们称为中性进化。

长期以来人们一直认为，凡是不参与编码蛋白质的基因都是“垃圾”。事实上，它们可能在基因调控方面具有重要作用，只是人们尚未发现。基因型结构方面的问题一直困扰着人们，对非编码基因作用的研究也许能解决这些疑问。非编码的遗传物质可以分为若干种，包括内含子、假基因以及高度重复的 DNA。至少有一些非编码基因肯定具备一些功能，比如内含子能使外显子分离。真正令人费解的是，这些非编码基因的数量非常庞大。据推测，人体中 95% 的基因都属于“垃圾基因”。如果这些基因真的没用，自然选择为什么没有淘汰它们呢？达尔文主义者对此感到很疑惑，毕竟，生产这些 DNA 的成本很高。

同源异型基因，调控基因

所有现存动物仅有几种有限的基本构型：辐射对称、两侧对称、分节，以及基于这些基本形态的分化。德国一些著名的分类学家将这些基本构型称为“Bauplan”，翻译过来就是身体结构。在德语里，Bauplan 中“plan”的意思是“地图”或者“结构”，而不是指被计划好的某件事。身体结构并不是一个抽象的概念。

受精卵在发育的过程中，基因是如何决定受精卵发育成胚胎的前端还是后端、背部还是腹部的，以及在分体节的动物中，基因是如何决定哪个节应该具有什么附肢？这些令人困扰又非常有趣的问题直到几年前还是一个谜。但发育遗传学现在提供了很多解释。在生物体内，除了最基本的结构基因，还有一些调控基因，如 hox 基因，它们产生的蛋白质决定着受精卵发育成胚胎的前端或后端、腹部或背部；又如 pax 基因，其能构建一些特殊的器官，比如眼睛。海绵仅有 1 个 hox 基因，节肢动物有 8 个 hox 基因，哺乳动物有 4 个 hox 基因簇，其中含有 38 个基因。老鼠和蝇类有 6 个相同的 hox 基因，这是原口动物和后口动物的共同祖先必定都具有的基因（见进化讲堂 5-6）。

进化讲堂 5-6
What Evolution Is

hox 基因（同源异型基因）

为了更深入地了解进化的复杂性以及进化过程中多态性的来源，发育生物学家和进化生物学家都不约而同地选择 hox 基因作为研究对象，通过对 hox 基因在生物个体发育中表达方式的分析，来挖掘更多的真相。研究结果显示，hox 基因对身体结构特定部位的形成起到了关键作用。hox 基因被排列为基因组簇，负责编码一类转录因子（一类可以调控其他基因表达方式的基因），更重要的是，hox 基因的表达方式在时空上呈现出了线性协同的特点。在生物个体发育的过程中，hox 基因簇中前端的基因会在胚胎发育早期乃至更早期表达，而后端的基因在胚胎发育晚期乃至更晚期表达。

有研究表明，在进化的过程中，身体结构复杂性的增加与 hox 基因簇复杂性的增加具有很大关联。无脊椎动物只有一个 hox 基因簇，而所有脊索动物的共同祖先则可能有一组共 13

个 hox 基因。纵观整个脊索动物的进化历程，即从以文昌鱼为代表的相对简单且呈体节构型的头索动物进化到以老鼠和人类为代表的具有 4 个 hox 基因簇的复杂生命体，古老单一的 hox 基因簇可能经历了两次复制，从而形成由 52 个 hox 基因组成的 4 个基因簇。这些从一个到两个，再到 4 个基因簇（A-D）的复制，要么是通过整个染色体的复制，要么是通过整个染色体组的复制。之所以能排除单个基因的串联式的复制，是因为这些基因簇都分布在不同的染色体上。在后来的进化中，某些特定种系中的个体的基因簇出现丢失 hox 基因的现象，有意思的是，现今老鼠和人类都有 4 个 hox 基因簇共 38 个 hox 基因。但这些基因簇都没有保留最初的一套 13 个基因，并且每个基因簇都是一个独特的基因组合。

hox 基因簇的基因组成和表达模式的差异被认为至少部分决定了不同动物门的身体结构。矛盾的是一些著名的实验已经证明，许多 hox 基因在进化中是非常保守的。例如，文昌鱼的 hox 基因可以放到被移除了其同源基因的老鼠身上代替执行其功能。尽管 hox 基因簇的基因组结构和功能都高度保守，但新的身体构型是如何特化和进化的呢？目前这一问题仍悬而未决。

所有证据都指向一个事实，生物体的基本调控系统非常古老，当需要时，基本调控系统会增补功能。这种特化的发育基因在很大程度上独立于其他基因，这样也保证了胚胎不同部位和结构的独立发育。比如，蝙蝠翅膀的发育基本上不会受到同时进行的其他部分发育的影响。这也解释了为什么镶嵌进化如此普遍。

变异的本质

在达尔文时代，种群变异的本质还不为人知，直到 19 世纪末以后，人们才逐渐理解。达尔文作为一名博物学家、分类学家和自然种群的研究者，他敏锐地意识到变异现象在自然种群中几乎数不胜数。变异为所有生物的自然选择提供了丰富的素材，至少在有性繁殖的动植物中如此。生物表现出来的性状特征，即表型，是在发育过程中在自身基因的指导以及基因与环境的相互作用下形成的。

分子革命的影响

虽然遗传的基本原理早在 20 世纪前 30 年就被搞清楚了，但其本质直到分子革命开始后才被揭开。1944 年，埃弗里等人意识到，遗传物质是核酸，而非蛋白质。1953 年，沃森和克里克发现了 DNA 双螺旋结构。之后，重大发现一个接一个，直到 1961 年马歇尔·尼伦伯格（Marshall Nirenberg）发现了遗传密码。人们终于从原理上了解了生物个体发育过程中遗传信息翻译的各个阶段。出人预料的是，这些发现并没有影响到达尔文的变异和自然选择的基本理论。核酸代替蛋白质成为遗传信息的载体并不会改变进化理论。恰恰相反，对基因变异本质的理解更加确定了达尔文主义的可信度，因为它证明了获得性遗传是不可能发生的。

分子生物学对进化生物学最大的贡献就是催生了发育遗传学。曾一度抵制综合进化论的发育生物学开始接受达尔文主义的思想，并开始研究基因型的功能。调控基因（hox 基因、pax 基因等）因此被发现，也极大地拓宽了我们从进化角度上对发育学的理解。

进化发育生物学

分子遗传学最重要的发现之一就是发现有些基因非常古老。这意味着，你可以在亲缘关系很远的生物中发现同样的碱基对序列，即基因，比如果蝇和哺乳动物。分子遗传学的另一个重要发现是，有些基因，也就是调控基因控制着生物基本的发育进程，比如发育为胚胎的前端或后端、背部或腹部。这些发现不仅让我们了解了原先充满谜团的发育过程，也揭示了系统发育过程中重要事件（分支点）的前因后果。

科学家一直认为，相同的基因总会产生相同的表型效果，无论是在何种生物中。而发育遗传学的研究结果显示，这个结论并不准确。在环节动物（多毛纲）和节肢动物（甲壳纲）中，相同基因的表达效果并不一样。在发育过程中，自然选择似乎能够利用之前具有其他功能的基因。

一项有关形态学和系统发育学的研究显示，在动物多样性的进化过程中，作为感光器官的眼睛曾经至少独立地进化了 40 次。然而，一位发育遗传学家证明，所有发育出眼睛的动物都携带有同样的调控基因——pax6 基因，这类基因调控眼睛的形成。人们最初的结论是，所有的眼睛都来自一个具有 pax6 基因的祖先。随后这位发育遗传学家又在没有眼睛的动物体内也发现了 pax6 基因，并提出它们一定来自有眼睛的祖先。然而，这个假说被证明是错的，pax6 基因的广泛存在显然需要一种不同的解释。现在人们认为，早在眼睛出现之前，pax6 基因就已存在，并且在不具备眼睛的生物中起着某种作用，而它对眼睛发育的调控作用是次生演变具备的。

进化论小结

本章的重点内容是，达尔文舍弃了柏拉图式的模式论，将生物种群作为进化理论的基础，对进化提出了全新的解释。他认为存在两个促使进化发生的重要因素，一是生物种群中数不胜数的变异，二是自然选择机制。若想深刻地理解这两个因素的工作原理，我们必须先搞清楚遗传，因此本章用大量篇幅来解释变异的遗传学基础。遗传物质是稳定的，获得性遗传并不存在。在发育过程中，基因型与环境相互作用产生了表型。突变不断地为丰富基因库提供变异。不过，作为自然选择原材料的表型的变异却源于减数分裂中的重组，基因重组就是染色体重建和重新分配的过程。

06　自然选择

直到 20 世纪 30 年代，进化论者才完全意识到，基于本质论来解释进化是完全行不通的。实际上，早在 100 年前的 1838 年，达尔文就发现了基于自然选择的进化论，尽管这一结论直到 1858 或 1859 年才正式发表。达尔文和华莱士提出的全新的进化论基于种群思维而非本质论。然而可惜的是，在那个本质主义大行其道的年代，经过了好几代人的努力，人们才普遍接受了自然选择的观点。一旦人们接受了种群思维，它的逻辑性就令人信服了。

在当时看来，达尔文和华莱士提出的自然

选择是一种新颖且大胆的理论。这一理论基于 5 个观察结果（事实）和 3 个推论（见进化讲堂 6-1）。人们在谈论自然选择时提到的种群概念一般指采取有性繁殖策略的群体，现在也包括那些无性繁殖群体。

进化讲堂 6-1
What Evolution Is

达尔文自然选择理论的解释模型

事实 1：每个生物种群都具备很强的繁殖力，如果不受限制，种群的数量将呈指数级增长（来源：佩利和马尔萨斯）。

事实 2：除了偶尔的波动，生物种群的数量大致保持稳定，并不会随着时间的变化而发生改变（来源：普遍的观察）。

事实 3：每个物种可以利用的资源都是有限的（来源：观察，马尔萨斯）。

推论 1：一个物种的个体之间为了生存存在激烈的竞争（来源：马尔萨斯）。

事实 4：任一生物群体中都不存在完全相同的两个个体（种群思维。来源：动物育种学家和分类学家）。

推论 2：种群内个体的生存概率各不相同（自然选择。来源：达尔文）。

事实 5：种群内不同个体的差异是可以遗传的，至少部分可以（来源：动物育种学家）。

推论 3：很多世代的自然选择导致了进化的发生（来源：达尔文）。

自然选择理论是现代生物进化理论的基石。这个理论无疑具有革命性，前人从未提出过，在达尔文的同时代，只有两个人[①]无意间提及。即便在今天，仍然有很多人难以准确地理解自然选择理论及其作用原理。如果从种群的角度来解释这一原理，就很容易理解。然而由于长期盛行的传统和意识形态的顽强抵制，在 1859 年到 20 世纪 30 年代之间，自然选择理论的信奉者很少。

我们只有了解了自然选择的过程，才能明白为何理解这一理论如此之难。我们需要重复达尔文的问题并试图寻找答案。比如，一个特定种群随时间推移会历经何种变化？一个种群在世代交替过程中发生了什么变化？产生这些变化的原因是什么，这些变化反过来又是如何影响整个种群的进化过程的呢？

① 这两个人分别是威廉·查尔斯·威尔斯（William Charles Wells）和 P. 马修斯（P. Matthews）。

种 群

一个物种出现在哪里，就代表它在哪里有一个本地种群。由于个体生殖率和存活率的差别，整个种群的基因都会在随机性和自然选择的作用下不断地遗传更替。如果栖息地是连续的，相邻种群之间会彼此渗透。不过，有利的生存环境一般是非连续的，这样就造成了种群的斑块状分布。地理屏障（诸如山脉、水域或不适合生存的植被）会进一步阻挡群体的扩散，加大它们的分布隔断。在物种分布区域的边界，种群通常是孤立的。

理解种群的性质对于理解进化来说至关重要，因为所有的进化都发生在种群内，尤其是自然选择。因此，进化论者不会放过生物种群的任何方面。一个本地种群也被称为“同类群”，即在一个特定区域内潜在的杂交个体组成的集合。

正如我们所看到的，自然选择概念源自对自然界的观察。每一个物种都会繁殖出大量后代，但只有一小部分能生存下来。生物群体中每个个体的基因各不相同。所有这些个体都会面对艰难的生存环境，大多数个体都将被淘汰，或者无法繁衍后代。仅有少数个体能够存活和繁衍后代（每对亲本平均有两个后代能够存活或繁衍）。这些幸运儿并非随机抽样的结果，而是因为它们具备某些抵御恶劣环境、适宜生存的特性。

自然选择实际是一个淘汰的过程

在得出“一些个体被选择生存下来”这个结论之前，我们首先需要回答一个问题：谁在做选择？在动植物的人工育种中，育种学家会选择具有某方面优势的个体来繁殖后代。但严格地来说，自然选择的过程中没有这样的专家。实际上，达尔文将自然选择过程看作一个淘汰的过程。能在自然界中生存下来并能进行繁殖的个体要么是走运，要么是它们比其他个体更适应环境。而它们的兄弟姐妹则在自然选择过程中被淘汰了。

赫伯特・斯宾塞（Herbert Spencer）曾说过，自然选择就是“适者生存”。事实的确如此。达尔文在晚期的著作中采纳了斯宾赛的说法，自然选择就是一个淘汰的过程。然而，他的反对者认为，“适者”的定义本身就包含了“能够生存”的前提，因此“适者生存”这句话是同语重复。显然，他们犯了逻辑性的错误。生存并不是生物的特征，而是某些适合生存的属性存在的标志。“能够适应”意味着具备某种能够提高生存概率的特性。这种解释也适用于自然选择的非随机生存定义。每个个体的生存概率各不相同，因为那些具备高生存概率特性的个体是相对固定的，是种群中的非随机组成部分。

选择和淘汰在进化结果上有区别吗？纵观所有有关进化论的著作，从未有人提出过这个问题。选择应该具有一个明确的作用对象，即“最好”或“最适合”的表型。在特定的种群中，只有少数个体能够通过自然选择的考验，成功地存活下来。这些被选择生存下来的小样本只能保存亲本种群中所有变异的一小部分。这样的生存选择机制具有很大的局限性。

相反，仅仅淘汰不适应环境的个体可能会使更多个体生存下去，因为这些个体在适应性方面没有明显的缺陷。这样的样本量能够为有性繁殖提供足够丰富的选择素材。淘汰机制也可以解释为什么在不同季节生物的生存情况存在巨大差别。不适应个体的比例与每年环境的严酷程度直接相关，显然，环境越不利于生存，不适应个体的比例就越高。

在一个种群中，成功通过淘汰这一非随机过程的成员越多，存活者的成功生存就越依赖于偶然性因素和自然选择。

进化论者经常用选择压力来形容淘汰过程的残酷性。这个来源于物理学的词虽然非常生动，但会引起误解，因为自然选择过程中并不存在与物理学中的压力相对应的力量。

自然选择的两个阶段

几乎所有反对自然选择的人都没有意识到，自然选择其实包含两个阶段。由于没有认识到这一点，一些反对者声称自然选择就是一个偶然的过程，还有一些反对者认为自然选择是一个确定、完全不存在变数的过程。事实是，自然选择过程既有偶然性，也有确定性。只要将自然选择过程分为两个阶段，你就会清楚地发现这一点。

第一阶段，新变异产生，这些变异包括形成合子的一系列过程（减数分裂、配子的形成以及受精过程）。这一阶段除了特定基因位点的变化性质受到强烈约束外，偶然性发挥着最重要的作用（见进化讲堂 6-2）。

进化讲堂 6-2
What Evolution Is

自然选择的两个阶段

阶段 1：变异的产生

受精卵从生（受精）到死的突变；减数分裂，第一次分裂中的交叉重组，以及第二次分裂中同源染色体的随机移动；配偶的选择和受精过程中发生的任何随机事件。

阶段 2：生存与繁殖过程中的非随机因素

某些表型在整个生命周期中表现出极大的生存优势（生存选择）；非随机的配偶选择以及其他所有有助于某些表型成功繁殖的因素（性选择）。第二阶段同时会发生大量随机淘汰。

第二阶段就是选择（淘汰）阶段，从幼虫（或胚胎）阶段到成体以及接下来的繁殖阶段，新个体会受到不断的考验。那些最有效应对环境挑战，以及与种群内部和其他物种竞争并最终获胜的个体将最有机会存活并繁殖下去。许多实验和观察表明，拥有某些特性的个体更具生存优势，在整个淘汰过程中生活率更高。它们就是“适者生存”中的“适者”。平均来说，在一对双亲产生的所有后代中，大概只有两个个体可以存活并繁殖下一代。第二阶段既有内在的确定性，同时也具有偶然性。显然，那些具有最适应环境的特征的个体更有可能生存下去。不过，在淘汰过程中，也存在一些偶然性的因素，因此这一阶段也不存在完全的确定性。在诸如洪水、飓风、火山爆发、闪电以及暴风雪这些自然灾害面前，那些原本非常适应的个体都有可能死亡。此外，在一些小群体中，由于抽样失误，也会导致丢失某些优势基因。

我们现在基本了解了自然选择过程中第一阶段与第二阶段的区别。在第一阶段，也就是基因变异产生的阶段，一切都充满偶然性。而在第二阶段，也就是适者生存和繁殖阶段，偶然性所起的作用大大降低。在这一阶段，“适者生存”基本上是由遗传特征决定的。因此，将自然选择过程看作完全随机的过程是不正确的。

自然选择是随机的吗

出乎所有人意料的是，自然选择理论居然解决了一个古老的哲学难题。世界上发生的事情是偶然的还是必然的呢？自古希腊时期起，哲学家就对这个问题争论不休。就生物进化而言，达尔文给这个问题画上了句号。简而言之，由于自然选择过程包含两个阶段，进化既是偶然的，也是必然的。在进化过程中，特别是在产生遗传变异的阶段，确实存在大量随机（偶然）事件，但在第二阶段，无论是选择还是淘汰，更多的是非偶然的过程。例如，眼睛的形成并不是偶然的，而是因为那些生存下来的个体具有最佳的视力结构，并一代一代遗传了下来（更加翔实的分析见第 10 章）。

除此之外，还有一种广泛流传的错误观点：自然选择是以目的为导向的。仔细想想，淘汰过程在终止之前如何知道结果？自然选择并没有长期目标，这是每一个世代都在经历的过程。进化谱系发生灭绝的频率和进化方向上经常发生的改变都与“自然选择具有目的性”相矛盾。目前并没有遗传机制能够促使具有方向性的进化发生。到目前为止，直生论以及其他目的论都被彻底地否定了。

换句话说，进化是不确定的。进化过程包含大量的相互作用，同一种群的不同基因型面对同一环境变化可能会产生不同的反应。反过来说，这些变化是不可预测的，特别是在一个新捕食者或竞争对手到来的时候。大灭绝时期的幸存者也可能具有很大的偶然性。

自然选择可以被证明吗

在深刻地理解了自然选择是一个种群过程之后，人们就会相信自然选择理论是正确的。达尔文就是通过这种方式理解并提出自然选择理论的。然而，他在 1859 年发表《物种起源》时，没有确凿的证据能够证明自然选择过程的真实性。自此之后，情况就完全不同了。1859 年之后将近一个半世纪以来，出现了大量证据，自然选择随即成为无可置疑的事实。

基因型对选择压力的反应有时非常精确，比如某些拟态，但在其他情况下就没有那么精确了。正如凯恩和谢泼德所展现的，带有条纹的蜗牛 *Cepaea nemoralis* 比不带条纹的个体在某些环境中更有生存优势，但带 5 个条纹的个体是否比带有 3 个条纹的个体更具优势，就不得而知了。

自然选择的第一个证据就是在拟态中发现的。热带探险家亨利·沃特·贝茨（Henry Water Bates）1862 年在亚马孙河流域发现一些无毒的蝴蝶与同域生活的另外一些有毒蝴蝶具有同样的花纹和颜色，有趣的是，无论有毒的蝴蝶根据地理环境不同发生怎样的变化，无毒蝴蝶都会随之发生相应的变化（见图 6-1）。这就是著名的贝氏拟态。几年之后，弗里茨·缪勒（Fritz Müller）进一步发现有毒物种之间也存在相互模仿的现象，因此食虫鸟类只需对一种表型进行防备，就可以防住三种、四种，甚至十多种不同的有毒物种。这样一来，互相模仿的有毒物种被捕食的概率就大大降低了，这种现象被称为“缪氏拟态”。

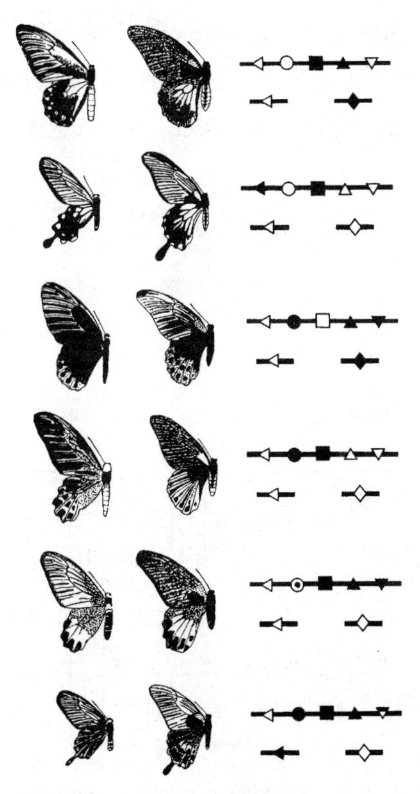

图 6-1 贝式拟态

注：在贝氏拟态中，美凤蝶的各种地理种群（左侧）会随着其模仿对象（右侧）的变化发生相应的变化。图片来源：Reprinted from the *Biology of Butterflies*, R. I. Vane and E. B. Ford, page 266, copyright © 1984, by permission of Academic Press, London.

病原体对药物的耐药性，以及农业害虫对杀虫剂的耐药性，这些都体现了自然选择的重要性。近年来，医务工作者和公共卫生事业从业人员也发现了很多关于自然选择的案例。非洲的镰状细胞贫血和疟疾抗性之间的关系就是一个很好的例子（见图6–2和进化讲堂6–3）。工业黑化现象，即蛾类昆虫和其他生物通过改变身体的颜色来适应被污染的环境，也证明了自然选择的存在，这在实验室中已被充分验证。

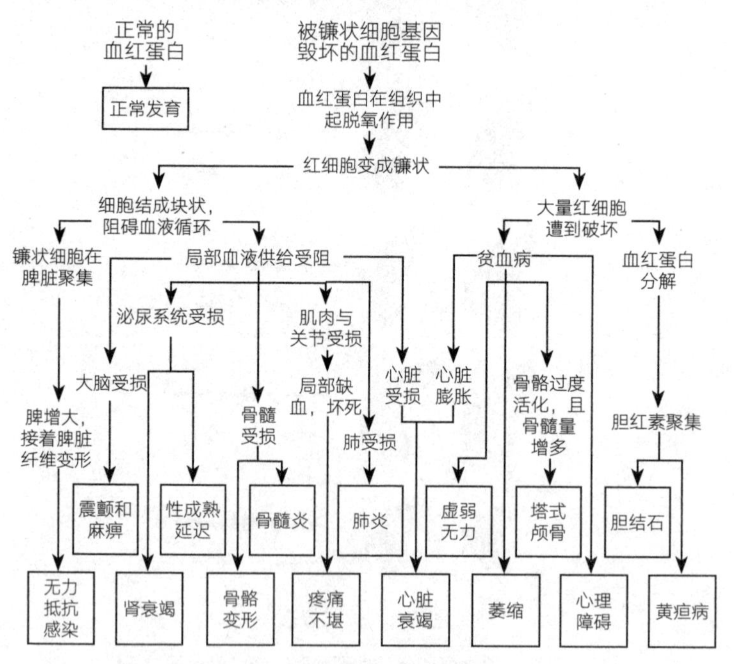

图6-2　镰状细胞突变的多效性

图片来源：Strickberger, Monroe M. (1985). *Genetics* 3rd ed. Prentice-Hall: Upper Saddle River, N.J.

进化讲堂 6-3
What Evolution Is

镰状细胞基因与人类血红蛋白

人类镰状细胞基因的存在表明，即使突变只导致一个氨基酸被取代，也可能造成严重的影响。镰状细胞基因多见于疟疾多发的地区，尤其是在非洲，因为它能够帮助杂合子的携带者有效抵御疟疾。在镰状细胞基因突变中，β球蛋白链上的谷氨酸被缬氨酸取代。该突变基因的纯合子携带者会发生致命的血液疾病，导致个体死亡，但是杂合子携带者却可以抵御疟疾的侵扰。当然，镰状细胞基因在没有疟疾的地区就丧失这种优势了，比如在美国。在非裔奴隶的后代中，镰状细胞基因的出现频率越来越低，原因就在于杂合子携带者在没有疟疾的环境中不再具有优势，而纯合子携带者的死亡率仍旧很高。

为生存而竞争

“为生存而竞争”是达尔文为《物种起源》第 3 章所起的一个比喻性的题目。每个生命个体，无论是动物、植物，还是其他生命形式，每时每刻都在不断地为生存而竞争。被捕食者为躲避捕食者而竞争，捕食者为抢夺猎物而与其他捕食者竞争。为了生存，每个生命个体都必须拼尽全力克服所有的困境。正如达尔文所说：“生长在沙漠边缘的植物虽说是在与干旱斗争，但更准确地来说，它们依赖于水分。”那些抗旱能力好的个体显然会生存得更好。同一群体中的这种竞争往往最为残酷，这种竞争不仅是为了食物，还有栖息地和有助于繁殖的一切需要，包括领地和配偶。达尔文还曾写道：“因为生产出来的个体数量超过了可能生存下来的个体数量，在任何情况下个体都要为生存而斗争。”

这种竞争不仅发生在同一物种的成员之间，而且常发生于不同物种的个体之间。例如，生活在美洲西部的一种以种子为食的蚂蚁会与啮齿类动物为争夺植物种子而发生竞争。红松鼠与红交嘴雀为争夺松子而发生竞争。在牧场与沼泽，也会有路过的椋鸟与当地美丽的黄胸草地鹨发生竞争。在潮汐地带，藤壶、贻贝、海藻以及其他海洋生物会为争夺生存空间而发生激烈竞争。在许多情况下，具有类似需求的两个物种也能够和平共处，不过当其中一个物种被人为移除之后，剩下的一个物种的数量将会迅速增多。在更多情况下，如果两个物种之间的需求太过一致，其中一个物种稍微强大一点儿，这两个物种就无法和平共处。这就是所谓的竞争排斥原则。令人费解的是相似的两个物种有时也能够共存。在加拉帕戈斯群岛上，共同生活在同一岛屿的那些达尔文雀的喙在平均长度和变异幅度方面都存在差别。如果其中一种鸟独占一岛，在没有竞争的环境下，它们的喙的变异幅度就会很大，包括部分与其竞争的其他达尔文雀的变异幅度。

毋庸置疑，竞争至关重要，一个明显的例子是，当外来物种占据了本地物种的生存空间后，可能会最终导致本地物种灭绝。达尔文就曾提到过，当欧洲的动植物被引进新西兰之后，它们成功地适应当地环境，并且大量繁衍，最终导致许多本地物种灭绝。

竞争以及其他形式的生存竞争给物种施加了很大的选择压力。了解不同物种之间的相互作用对农业生产来说很有价值。柑橘园里的害虫，如蚜虫和介壳虫，可以被瓢虫或其他捕食性昆虫成功地控制。当引进的仙人掌在昆士兰的牧场上如野火一般疯长时，一种来自阿根廷的蛾类——仙人掌螟被引入进来，仙人掌很快就被清除了，使数万平方千米的牧场恢复生机。这些事实以及文献中的数据说明，在自然选择的不断调节下，能够共存的物种之间可以维持某种平衡。

选择对象

谁或者什么在被选择呢？虽然这个问题看上去很简单，但人们对此一直充满争议。达尔文及其之后的所有博物学家都认为，生存与繁衍的对象是生物个体。然而，整个个体的遗传无法通过数学方法来准确地描述，因此，大部分数学群体遗传学家将基因看作真正的“选择单位”。关于选择对象还存在其他说法，如由个体组成的群体或者整个物种。

一些研究动物行为的学者和生态学家认为，选择的作用在于“优化”物种。到了 1970 年，一些遗传学家仍然认为，不仅是基因，种群也是选择单位。直到 1980 年，人们才一致认为个体才是自然选择作用的主要目标。

如果能够早早地将“选择什么”和“为了什么选择”区分清楚，就会少走很多弯路。以镰状细胞基因为例，“选择什么”的答案是，那些携带或者不携带镰状细胞基因的个体。在疟疾盛行的地区，“为了什么选择”的答案是镰状细胞基因，因为其杂合子携带者具有抗疟疾能力。只要将这两个问题区分清楚，我们就能发现基因永远不可能成为选择作用的对象。基因只是基因型的一部分，而个体整体的表型（基于基因型）才是选择的实际对象。不过，这并没有降低基因在进化过程中的重要性，因为某种特定表型之所以具有高度的适应性，正是因为存在某个特定的基因。

从另一个角度来看，还原论者提出的基因是选择作用的对象的观点也是不对的。这一观点的基本假设是，基因在决定表型特征时独立起作用，与其他基因无任何关联。如果真是这样，根据所有单个基因作用的总和，就可以知道基因在表型形成过程中所起的作用。这就是所谓的“基因的加性效应”假说。确实，有些基因，甚至很多基因是以这种直接的方式独立起作用的，如你是一名携带血友病基因的男性，就会很容易出血。然而，许多基因会相互作用，例如，基因 B 可以增强或者削弱基因 A 的功能，或者，如果不存在基因 B，基因 A 就无法发挥作用。这种基因之间的相互作用被称为“基因的上位效应”。

显然，上位效应不像加性效应那么容易确定，因此在一般条件下，遗传学家不愿意触碰这类棘手的问题。有人曾将一种上位效应称为“不完全外显性”。比如某个个体携带着某种特定的基因却没有表达出来，但在同一群体另外的个体中却完全表达出来了，原因是这个个体拥有不同的基因型。举个实例，在一个被广泛采用的精神分裂症遗传模型中，携带该病症的基因只有 25% 的外显率，即只有 25% 的该基因的携带者会有病症。研究表明，有些基因之间的相互作用被调节得非常精准，以至于任何导致偏离平衡的现象都会惨遭淘汰。基因多效性和多基因效应都是基因之间这种相互作用的实例（见第 5 章）。

直到 hox 和 pax 基因等调控基因的发现，人们才真正了解了基因之间相互作用的重要性。通过调控基因，我们可以观察到基因之间剧烈的相互作用，但基因之间微小的相互作用是比较常见的，真正的困扰在于基因之间所有这些相互作用加起来之后的综合作用。大量的间接证据表明，基因型之间存在“内部平衡”，或者说“基因型内聚性”。这种内聚性被认为是进化的保守因素，是进化谱系停滞的原因。也有人认为这是奠基种群变异迅速、频繁的原因。奠基种群由于样本量不足，基因组成不足以维持平衡。这样的基因库对新的选择压力的反应可能不同于亲本基因，并可能产生截然不同的表型。

单个基因究竟能对个体的适应性产生多大的影响，这是进化论中充满争议的一个问题。很多基因都没有一个标准的选择值。在某种基因型中，一个基因可能是有益的，而如果换到另一种基因型，它可能是有害的。因此，在衡量某个基因的选择值时，必须考虑基因之间的相互作用。考虑到基因本身并不是自然选择作用的对象，因此所谓的中性进化就是一个毫无意义的概念。

无论基因在个体中是以双倍体（纯合子）还是单倍体（杂合子）的方式存在，都会对个体的适应性产生重要影响。以镰状细胞基因突变为例，单倍体形式的镰状细胞基因在疟疾地区显著提高了个体的适应性，而双倍体形式的镰状细胞基因将会导致个体死亡。因此，单个基因的选择值并非固定，它的选择值可能与同一基因型中的其他基因密切相关。

表　型

为什么说生物个体是自然选择的对象呢？作为自然选择的作用对象，可以被诱发出来并对个体生存状况产生有利或者不利影响的到底是什么呢？显然不是个体的基因或者基因型，选择发现不了它们，选择发现的是表型。表型是一个用于描述个体特征的概念，它包括形态、生理、生化以及行为等方面的全部特征。通过这些特征，将每个个体区分开来。由于基因型和环境的相互作用，表型产生于从受精卵到成体的发育过程中。比如，半水生植物的叶子在水面上与水面下的表型完全不同（见图 6-3）。

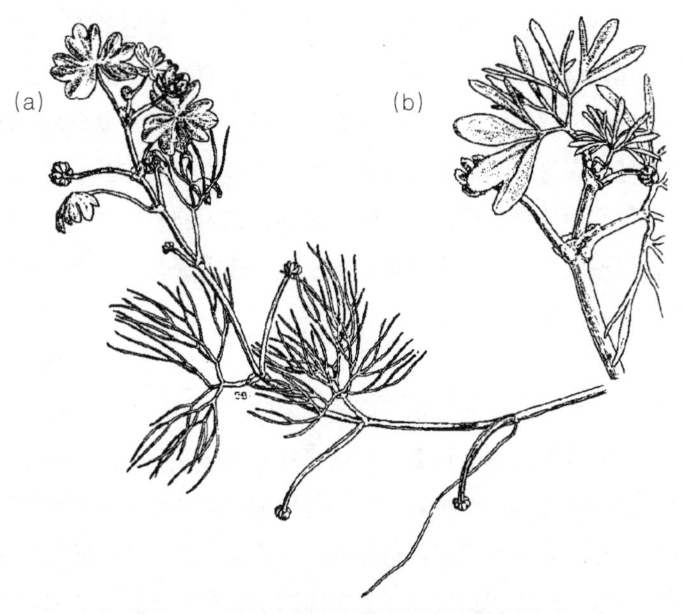

图 6-3 半水生植物水毛茛叶子的表型变异

注：水下部分的叶子呈丝状（a），水上部分的叶子的结构正常（b）。图片来源：Herbert Mason, *Flora of the Marshes of California*. Copyright © 1957 Regents of the University of California, copyright renewed 1985 Herbert Mason.

表型不仅指生物的结构和生理特征，也包括受基因控制的行为模式，例如鸟类筑巢、蜘蛛结网以及候鸟迁徙等。理查德·道金斯[①]将这类特征称为外延表型。与生物的结构特征一样，外延表型也是（而且更容易成为）自然选择作用的对象。

一个基因型产生的表型变异的范围被称为“反应范围”。因此，表型是基因型与环境相互作用的结果。有些物种的“反应范围”很广，它们可以根据环境状况调节表型以提高适应性，具有很强的表型可塑性。正是由于自然选择作用的对象是表型而非基因型，一个物种的基因库才会呈现出多样性。因此，基因的多样性与自然选择过程并无冲突，只要产生出来的表型可以被接受，自然选择就能容纳相应的变异。

表型作为基因型的产物，既是稳定的，又是进化的。在后生动物中，细胞层面的许多重要过程都是非常保守和稳定的，例如信号通路、遗传调节的反馈机制。有一些过程在整个真核生物中很稳定和保守，比如细胞骨架；还有一些在所有的生命形式中都很稳定和保守，比如新陈代谢和复制。基因序列也非常保守，如酵母中一半以上的编码序列都可以在老鼠和人类基因组中找到。再比如，酵母和人类的肌动蛋白有 91% 是相同的。

---

① 牛津大学教授，英国皇家科学院院士，有“达尔文的斗犬”之称的进化生物学家，其最新力作《基因之河》是一本以现代生物学观点来解释生命进化过程的科普读物。本书已由湛庐引进，由浙江人民出版社于 2019 年出版。——编者注

然而这些关键过程的构成不能过于模式化，以免阻碍进一步的进化。事实上，自然选择一直在推动着表型的进化。正是这种可塑性才能使物种适应新的地域，面对环境变化带来的挑战。在前沿进化生物学领域，关于基因型如何一边应对保守部分的限制，一边又保持着最佳进化方式，一直是一个非常活跃的话题。

其他潜在的选择对象

进化论者曾认为，生物个体不是唯一的选择对象。我们已经详细说明了基因不是自然选择作用的对象，接下来，我们来讨论一下配子、群体、物种、更高的分类单元以及进化树上的分支。

配子选择

配子面临着完成减数分裂和要么受精、要么死亡的自然选择。淘汰过程非常残酷，往往只有极少数配子能够成功存活下来。但很可惜的是，我们目前对这种淘汰机制知之甚少。实验发现，在一些海洋无脊椎动物中，其卵细胞细胞壁的蛋白质会有选择性地阻挡或允许一部分精子进入。我们目前还不知道该过程的选择标准是什么。配子选择是一种重要的隔离机制，也被称为“配子的不相容性”。

配子之间的相互作用在植物中也得到了广泛研究，特别是花粉管与柱头或花柱之间配子的相互作用。很多分类单元中都存在特殊机制来防止自花授粉。至于跨物种杂交的不相容性及其控制机制，我们目前还不甚清楚。早在 18 世纪 60 年代，植物学家 J. G. 克尔罗伊特（J. G. Kölreuter）就发现，当同种植物的花粉与异种花粉同时放在花柱头上时，最终受精的总是同种植物。如果只将异种花粉放在花柱上，部分成对物种也能完成受精。

群体选择

一个由个体组成的群体能否成为自然选择作用的对象，这个问题一直充满争议。如果将群体选择划分为“软性”和“硬性”，这个问题就可以得到解决。软性群体选择是指松散群体的选择，硬性群体选择是指有凝聚力的社会性群体的选择。在软性群体选择中，群体的适应性由群体中每个个体的适应性的平均值来决定，这个平均值对每个个体的适应性没有任何影响。这样的群体在进化上的成功或失败是组成这个群体的个体适应性的自然结果。

事实上，个体组成的这个群体对于个体适应性没有任何贡献。这种软性的群体选择对进化没有任何帮助。这种群体选择可见于社会关系松散的群体中。软性群体选择不能被称为真正的群体选择，因为这样的群体不会被选择。作为一个整体，一个种群所面对的正是这种软性群体选择。

然而，某些物种存在一种特殊的群体，即社会性群体，这类群体会成为自然选择作用的对象。这类群体的个体之间有着紧密的社会合作，群体的适应性要高于个体适应性的平均值。这种群体选择被称为硬性群体选择。这种群体内部的个体之间会合作抗敌、分享食物，这种协作大大地提高了群体的生存率。譬如，人类从狩猎—采集阶段就采取了类似的合作方式，从而大大提高了群体的生存机会。结果就是，自然选择会偏向有利于合作行为的基因。人们相信，这种社会合作能力是人类伦理发展起来的一个重要因素（见第 11 章）。硬性群体选择并不能取代个体的自然选择，而是叠加在个体自然选择之上。

亲缘选择

进化论者还发现了一种被称为亲缘选择的选择模式，尤其当涉及利他行为时。这种选择是指对某一特定个体的近亲生存特征的选择，这个个体与近亲具有部分相同的基因型（整体适应的利他型）。除了亲代抚育行为和社会性昆虫，亲缘选择对进化来说并没有那么重要，尤其当相邻群体的个体之间存在频繁的交流时。一个社会性群体中的个体对群体中其他个体（不包括子女）表现出的利他行为远不及他们（尤其是母亲）对自己子女表现出的利他行为。将这两种亲缘关系都置于亲缘选择之下，可能会引起误解。然而，由于社会性群体的个体之间或多或少存在一定的亲缘关系，许多硬性群体选择也就成了亲缘选择。

物种选择

进化历史就是旧物种的灭绝和新物种的产生。这显然是因为相比于原有物种，新物种更具优势。当不同生物区系的物种发生竞争时，可能会发生大灭绝，部分是由入侵者与当地物种之间的竞争导致的。一个典型的例子就是上新世巴拿马地峡形成后南北美洲的当地物种竞争。这种现象被称为“物种选择”。我们在前文讲述过，达尔文曾观察到欧洲物种引入新西兰之后造成本土动植物频繁灭绝的现象。有些人错误地认为这是物种选择代替了个体选择。实际上，这种所谓的“物种选择”是叠加在个体选择上的。在种群入侵的过程中，本地物种与外来物种会在同一生态位共存一段时间，而当入侵物种的个体平均水平优于本地物种时，本地物种的灭绝便开始了。很显然，这个过程本质上仍然是一种个体选择，因此将这一过程叫作“物种更替”，而非“物种选择”，也许更为准确（见第10章）。自然选择作用的对象从来不是物种整体，而是它的个体。

有人认为还存在一种自然选择作用的对象，即更高分类单元，这种选择被称为分支选择。分支指进化树上某个分叉所代表的整个分类单元。由于白垩纪晚期的阿尔瓦雷兹大灭绝事件，整个恐龙分支都灭绝了，但鸟类和哺乳动物分支度过了那次危机。在每一次大型的生物灭绝事件中，总有一些高等类群比其他类群更有机会生存下来。不过，自然选择作用的对象仍然是个体，然而有些分支的个体具有某些特征，使它们能够在大灭绝中生存下来，而不具备这些特征的分支就灭绝了。值得注意的是，在生物大灭绝事件中，整个高级分类单元会立刻或者在很短的时间内灭绝。有时分支的灭绝并不一定是由生物大灭绝引起的，三叶虫的灭绝就是一个例证。

高级分类单元之间的竞争

生物大灭绝事件引起了人们对更高分类单元之间可能存在的竞争的关注。在白垩纪晚期的大灭绝事件发生之前，哺乳动物就已经存在了一亿多年，但是当时的哺乳动物体形很小，毫不起眼，可能只在夜间行动。到底是什么原因使蛰伏了一亿多年的哺乳动物从第三纪早期开始就迅速壮大了呢？关于这个问题，一个被普遍接受的答案是，哺乳动物在恐龙灭绝后迅速占领了空出来的生态位。显然，哺乳动物与恐龙之间一直存在竞争，但恐龙一直占据优势。当然，哺乳动物不是造成恐龙灭绝的原因，它们只是在恐龙因非生物学因素灭绝之后取代了恐龙的位置。

哺乳动物突然繁盛的例子也可以用来解释原先废弃的生态位为何会发生爆炸式的成种事件。类似的例子还包括远古湖中的鱼群、软体动物和甲壳类动物的物种集群爆发和海洋群岛中生物入侵者的辐射进化。夏威夷群岛上生活着 700 多种果蝇和 200 多种蟋蟀。该岛上的蜜旋木雀和加拉帕戈斯群岛上的达尔文雀都是辐射进化的显著例子。

这些例子当中的辐射进化都是在没有竞争或者竞争消失之后才

发生。当一个现存分类单元由于一个更强大的竞争者的到来而被竞争排斥至灭绝时，我们称之为替换。实际上，我们很难证明这其中的因果关系。多瘤齿兽是白垩纪晚期和古新世时期北美大陆上非常繁盛的非胎盘类哺乳动物，但在始新世，最早的啮齿类动物开始出现（大概来自亚洲），并且迅速繁荣壮大，与之相反的是，多瘤齿兽反而逐渐变得稀少，直至灭绝。三叶虫的灭绝与双壳类动物的成功生存可能也算一个例子，不过有人认为三叶虫的灭绝可能是由环境灾难导致的。在整个古生物史上，我们可以发现很多这样的例子，即当一个具有类似生态需求的新类群出现后，原先繁盛的类群就会突然衰落直至灭绝。虽然这些例子都无法证明是新竞争者的出现导致了原有物种的灭绝，但是这种观点比其他任何解释都更符合已知的事实。

进化为什么总是发生得很缓慢

19 世纪初，当人们打开埃及法老墓后，不仅发现了人类的木乃伊，还发现了朱鹮和猫等动物的木乃伊。动物学家通过解剖发现，这些生活在 4000 年前的动物与现代个体之间的差别并不大。这一发现与动物育种学家使家养动物在短时间内迅速发生显著变化的情形大不相同。于是，一些人就利用动物木乃伊中缺乏可见变化这一现象来反驳拉马克的进化理论。现在我们知道，除了少数特殊情况外，物种进化中发生的可见变化通常需要成千上万年甚至几百万年的时间。因此，动物木乃伊并不能成为反对进化的证据。

既然生物的每个世代都会经历激烈的自然选择，那么我们有理由质疑进化的速度为何如此缓慢。主要的原因在于，在经历了成百上千代的自然选择后，一个自然种群的基因型会趋于最佳状态。这个种群经历的选择就是正常化选择或者说稳定化选择。这种选择淘汰了种群内所有偏离最佳表型状态的个体，大大降低了每一代中的变异幅度。并且，除非环境发生剧烈变化，否则最佳的表型会稳定地代代相传下去。所有能使这一标准表型得到改善的突变都已经被镌刻在上代的基因中了。其他突变容易导致退化，这些突变将会被正常化选择淘汰。一些特殊的遗传机制也有利于保持基因型的稳定，比如遗传的自动调节（包括杂种优势）。

奠基种群

由于基因之间的上位效应，基因型是一个精妙的平衡系统。因此，一个新基因替代某个基因，需要调整其他基因的位点。一个种群越大，新基因被接受和传播的速度就越慢。反之，由一个受精雌性个体的后代或者少数奠基者组成的奠基种群则能快速地产生新的适应性表型变化，原因在于，它们不受庞大基因库的内在调控或者凝聚力的限制。

很多证据表明，在物种形成过程中，边缘种群比分布广泛的种群的成种速度要快得多。目前对这种现象的解释还存在争议。杜布赞斯基与帕夫洛夫斯基（Pavlovsky）很早就发现，一群同源的小种群之间的分化速度要远快于大种群（见图 6-4）。其他对奠基种群的研究没有发现这类种群的剧烈变化。然而，大多数这类研究是以黑腹果蝇为研究对象的，如同它众多的姊妹种一样，这是一个表型特别稳定的物种。这种稳定性可能是由于不同奠基种群对隔离的反应不同。传统观点认为，大的种群之所以进化得很缓慢，是因为这类种群中具有更多多效性基因与多基因效应。此外，不同调控基因的干扰也是一个可能的原因。保守的基因流动影响不了被隔离的种群，也不会阻碍种群的分化。我们有充分的理由相信，发育遗传学中的新进展能够帮助我们理解致使进化速度不同的原因，尤其是物种形成方面的差异。

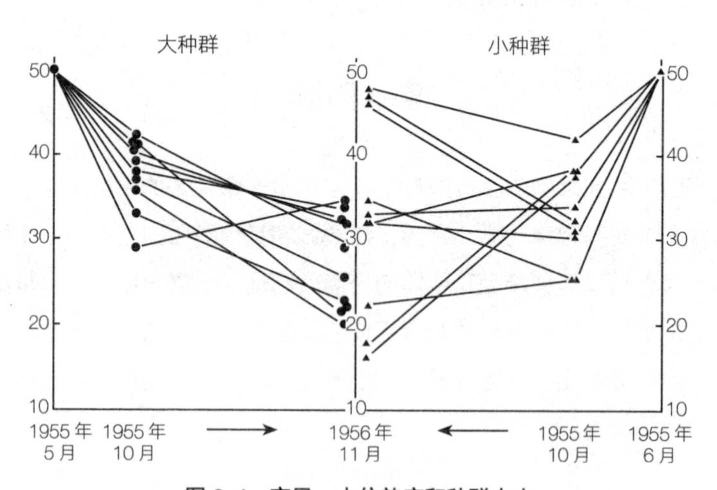

图 6-4 变异、上位效应和种群大小

注：20 个不同地理来源（从得克萨斯到加利福尼亚）的重复实验种群中 PP 染色的频率（纵轴，以百分比表示）。17 个月后，数量较小的种群经过一个变异频率瓶颈后，变异性更大。图片来源：Mayr, E. *Animal Species and Evolution*. Belknap (HU Press), 1966。

行为在进化中的作用

拉马克认为，行为是进化发生的一个重要因素。他认为，由活动引起的任何生物体表型的变化都会通过获得性遗传传递给下一代。例如，长颈鹿为了吃到更高处的树叶伸长脖子，这一特征会遗传给后代。虽然这个遗传理论已经被遗弃了，但出于不同的理由，进化论者仍旧认为行为在进化过程中具有非常重要的作用。诸如摄取新食物或者扩散能力提高等这些行为上的变化，会引起新的选择压力，这些压力可能会导致进化。我们有充分的理由相信，绝大多数进化事件都包含了行为的改变，因此才有这样的说法，“行为是进化的领路人”。任何被证明具有进化意义的行为都可能通过遗传决定因素对这种行为的选择而得以加强（称为鲍德温效应）。

成功繁殖的选择（性选择）

说到自然选择，我们下意识地会联想到生存斗争。我们会想到有利于生存的那些因素，比如克服恶劣天气的能力，躲避捕食者的能力，更好地应对寄生虫和病原体的能力，以及通过竞争成功获得食物和栖息地的能力等，简而言之就是任何可以提高生存概率的能力。很多人提到自然选择时心里想到的就是这种“生存选择”。

不过，达尔文清晰地指出，还有一组因素增加了留下后代的可能性，这组因素有助于提高繁殖成功率，他将其称为“性选择”。达尔文列举了很多明显的性二型现象的例子，例如雄鹿巨大的犄角，雄孔雀华丽的尾羽，以及雄性极乐鸟和蜂鸟艳丽的羽毛。由于雌性通常属于选择配偶的一方，因此性选择将会更青睐那些在吸引雌性方面更具魅力的雄性。在有些物种中，还有一些雄性特征也受到了性选择的支持，这些特征帮助雄性战胜竞争对手，赢得更多雌性，比如在海豹、鹿、羊以及其他哺乳动物中就是这样。拥有相关特征的雄性将会获得更多繁殖的机会。不过，通过其他手段也可以提高繁殖的机会，比如拥有更好的领地、兄弟姐妹间的竞争、双亲的付出，以及家庭或者种群内成员之间其他方面的互动。达尔文将性选择定义为某些个体相较于同一群体内其他同性所具有的只与繁殖有关的优势。实际上，“为了成功繁殖的选择”这种表达比性选择更符合这一宽泛的定义。

同性之间通过竞争或者争斗（如雄海豹或雄公牛之间）所获得的成功繁殖被称为性内选择。还有一种情况是性间选择，在这种情况下，选择发生在两性之间，如由雌性选择雄性。近些年来，关于雌性选择配偶的标准是什么这一问题引发了很多争议。扎哈维（Zahavi）假设，雌性动物倾向于选择具有显著特征的雄性。这类特征虽然为雄性带来不便，但它们能生存下来，这表明它们比其他雄性优越（这种现象被称为“不利条件原理”）。

同时进行的配偶选择和生态位选择

人们期望，强烈的正常化选择可以使物种形成一套行为模式趋于稳定的物种隔离机制，以防止因杂交而丧失适应性。这个观点通常是正确的，但在某些情况下，配偶选择与生态位选择似乎存在关联，而可利用生态位的不均衡可能会促使配偶选择出现多样化。同一种群的不同雄性个体在不同的亚生境中可能有不同的繁殖成功率。在一些淡水鱼如慈鲷中，有些雄性喜欢在水域底部觅食，有些则喜欢到开阔的水域寻找食物。而同种雌性有些偏好与水域底部觅食的雄性交配，有的则喜欢与在开阔水域觅食的雄性交配。最终，通过同域成种事件，这两类鱼会各自发生进化。在这种情况下，性选择导致了物种形成。

盖伊・布什（Guy Bush）在很多年前就认为，同时进行配偶选择和寄主选择可能会促使植食性昆虫发生同域物种形成事件。如果寄主完全特异化的昆虫从植物 A 成功定植到植物 B，而植物 B 上的个体对其他已经适应植物 B 的个体产生了交配偏好，一个新的寄主特异化的物种就将在植物 B 上产生进化，而该物种从植物 B 回迁至植物 A 的概率便很小。

性二型现象

在大多数动物中，雌性个体与雄性个体在外貌上存在差异，而且这种雌雄异型的差异程度非常大。在一些深海鱼类中雄性特别矮小，并附着在雌鱼身上，因为在深海这种区域广大但生命稀少的环境中，自由游动的雄性很难找到雌性。但在某些种类的海豹中，情况则正好相反，比如雄性海豹的体型比雌性大好几倍，因为体型大的雄性海豹可以在领地争夺中更好地击败对手，从而获得更多雌性配偶。在讲述性选择时，我们提到了雄性极乐鸟和蜂鸟艳丽的羽毛。这些例子都不是自然选择的反例，因为这些雄性的特殊特征都是有利于实现繁殖的选择优势。当然，如果一些雄性的特征出现过度发育的情况，就不利于选择，而且会妨碍进化。因此，当这些特征降低生存概率时，就会遭到选择的淘汰。

为什么自然选择经常不能获得或者保持适应性

一些狂热的进化论者认为，自然选择无所不能。这当然是不正确的。即使达尔文曾这样说过，“自然选择无时无刻不在审查自然界中的各种变异，即使是最微小的变异”，但很显然自然选择的作用不是无限的，否则就不会有 99.99% 以上的进化种系都灭绝了。因此，我们有必要了解，自然选择为什么往往无法产生完美结果。近些年的研究发现，导致自然选择局限性的原因有很多，讨论这些制约因素有助于我们进一步理解进化过程。这里将其分为 8 类介绍。

1. 基因型的潜力有限。动植物现有的遗传结构限制了它们的进一步进化。正如魏斯曼所说，鸟类不可能进化成哺乳动物，甲虫也不可能进化成蝴蝶。两栖动物也无法进化出可以在海水中生存的支系。即使哺乳动物奇迹般地进化出飞行的能力（蝙蝠）和水中生存的能力（鲸鱼和海豹），但还有很多生态位是哺乳动物无法占据的。再如，动物的体型大小受到严格的限制，没有任何一种选择压力能使哺乳动物变得比侏儒鼩鼱和大黄蜂蝙蝠还小，也没有任何一种选择压力能使飞行的鸟类的体重超过限制。

2. 缺乏合适的遗传变异。一个生物种群只能容纳一定量的变异。当环境发生剧变时，无论是气候变恶劣还是出现新的捕食者或竞争者，该种群的基因库中可能没有能够应对新选择压力的基因。物种灭绝的频繁发生印证了这个因素的重要性。

3. 随机过程。在一个种群中，许多生存和繁殖的差异不是选择的结果，而是随机的结果。从亲本染色体在减数分裂过程中的交叉，到受精卵的顺利存活，这种随机性在生殖过程的各个层面都会起作用。此外，即使那些潜在的、有利的基因组合也会在自然选择支持它们之前被无差别的环境力量，例如洪水、地震、火山喷发等淘汰。

4. 谱系历史的限制。对于任何环境方面的挑战，生物通常有几种相应的反应，而哪种反应更盛行通常是由生物已有的结构决定的。当骨骼的选择优势在脊椎动物和节肢动物的祖先中表现出来时，节肢动物的祖先具备了发育出外骨骼的先决条件，而脊椎动物的祖先则具备了发育出内骨骼的先决条件。自此之后，这两大生物类群的进化历程深受各自祖先的选择的影响。正是基于这种不同的选择，脊椎动物进化出恐龙、大象和鲸鱼这类体格庞大的生物，而节肢动物中体格最大的只不过是螃蟹。节肢动物的外骨骼会定期蜕皮，这使它们体型的增长受到了极大的选择压力。

一旦确定了特定的身体结构，可能就再也无法改变。比如，在陆生脊椎动物中，消化道与呼吸道在口腔/鼻腔到食管/气管之间共用一段通道。实际上，我们的水生祖先扇鳍目鱼类的呼吸道也是这样连接的。虽然这种连接方式增加了食物进入气管的危险，但数亿年来，这种结构没有发生过任何变化。

由固着附生、底栖和活跃游动的祖先进化而来的浮游生物后代，隶属于许多不同的动物门，它们通过分泌油滴、增加表面张力和各种其他机制等非常不同的适应方式实现了“浮游”这一习性。每一种实现方案都是物种原有物理结构应对新适应区的限制或机遇做出不同程度妥协的结果。对新的环境机遇采取特定的反应可能会极大地限制未来进化的可能性。

5. 非遗传修饰的能力。表型可塑性越强，也就是反应范围越大（由于发育的弹性），就越能应对有害的选择压力。相对于高等动物，植物和微生物，特别是微生物更具修饰表型的能力。甚至人类中也存在表型的非遗传修饰。比如，当生活在低海拔地区的人来到高海拔地区后，生理上会出现一系列变化，但过了几天或者几周之后，他/她就能适应高海拔地区的低气压和低含氧量。在这个过程中，自然选择也发挥了作用，因为非遗传修饰的能力受到了严格的遗传控制。此外，当生物群体迁移到一个全新的特定环境中时，其基因会在随后的几代被再次选择，从而加强乃至最终取代这种非遗传的适应性（鲍德温效应）。

6. *生殖年龄后无感*。自然选择无法淘汰会导致老年疾病的基因。以人类为例，类似帕金森综合征或阿尔茨海默病以及其他主要在生育年龄之后才会出现的病症，其致病基因型一般不会受到选择的影响。在某种程度上，一些中年时会出现的病症也是如此，例如前列腺癌和乳腺癌，这类疾病通常发生在活跃生殖年龄的末期。

7. *发育过程的相互作用*。早在艾蒂安·若弗鲁瓦·希莱尔（Étienne Geoffroy Hilaire）时代，就有学者意识到个体的器官与结构之间存在着竞争关系。希莱尔在其著作《平衡法则》（*Law of Balancing*）中表达了这个观点。组成个体形态的各个部分并不是彼此独立的，如果没有与其他部分的相互作用，任何部分都无法单独应对选择压力。生物个体的发育就是一个相互作用的系统。生物体的结构和功能是各种相互竞争的需求相互妥协的结果。某个特定结构或器官能对自然选择做出多大反应，很大程度上取决于其他结构和基因型的其他组成部分的阻力。早在 100 多年前，德国动物学家威廉·鲁（Wilhelm Roux）就将生物体竞争性发育过程中的相互作用定义为“各部分之间的竞争”。

每一种生物的形态都体现出了身体各部分之间彼此妥协的程度。每当迁移至新环境获得新的适应性时，生物体都会留下一些不再需要的形态特征，这些特征都会成为累赘。比如，人类面部的鼻窦、脊柱的尾骨和阑尾都是作为四足动物和食草动物的人类祖先遗留下来的身体结构，这些结构如今成了人类的弱点。这种代表以前适应性的特征被称为残留特征（见第 2 章）。

8. 基因型的结构。曾有一个关于基因的经典比喻："基因就像串连起来的珠子那样排列在一起。"根据这种观点，每个基因都或多或少独立于其他基因，它们在本质上或多或少具有相似性。这一 50 年前被普遍接受的观点现在几乎无人相信。可以肯定的是，所有的基因都是由 DNA 组成的，DNA 包含的信息被线性编码在碱基对序列中。然而，现代分子遗传学的研究揭示，基因具有不同的功能类别，有些负责生产物质，有些负责调节物质的产生，还有一些似乎没有功能（见第 5 章）。

此外，有大量间接证据表明，有些基因组可能会组成不同的功能模块，在许多方面，这些基因组作为一个整体在发挥作用（模块变异）。事实上，这是分子生物学领域的一个颇有争议的话题。我们当前最应该做的就是让人们注意到这样的事实：曾经关于基因就像"串连起来的珠子"的比喻并不准确，而且基因型的作用存在很大的不确定性。转座子、内含子、中度重复的 DNA、高度重复的 DNA 和其他一些非编码 DNA 的存在表明，这些基因具有不同的功能，但这些功能主要是什么以及它们是如何一起发挥作用的，我们仍然不甚了解。随着对基因型的结构和功能的深入理解，我们将会对进化过程有更多的了解。

发育在进化中的作用

受精卵是没有形态的，它在胚胎或幼体发育阶段转化为成体阶段的表型。个体在发育过程中的变化导致了不同进化谱系的分化。因此，对发育的研究，对受精卵的个体发生的研究是每个进化论者关注的重点。

然而，传统的胚胎学方法，特别是实验胚胎学方法，并没有实现胚胎学和遗传学之间的综合，最终由分子生物学完成了这一综合。我们需要确定基因的作用，也就是确定每个基因在胚胎发育过程中的贡献。正是因为这类研究，人们才发现了各种各样的基因，特别是发现了调控基因（见第 5 章）。

发育的过程大多比较曲折。很多动物都需要经过一个或多个幼体阶段才发育成成体，其中有些阶段需要某些高度特化的适应性。明显的例子有蝴蝶及其幼虫，或者藤壶的类似浮游生物的幼虫及其类似软体动物的成体。在这些情况下，某些个体在发育阶段获得了新的适应性。而在另一些情况中，特别是在寄生虫中，成体阶段的某些表型适应性反而消失了，比如螃蟹体内的蟹奴。

发　育

自达尔文时代开始，进化论者就意识到，生物模式并不是作为一个整体以相同速度在其所有组成部分中进化的，表型的有些组成部分进化得快，有些则进化得慢一些。当一个线性谱系从适应区域迁移到新环境中时，我们就能发现这一点。已知最早的化石鸟类始祖鸟已经具备了各种鸟类的特征，比如具有羽毛、翅膀、飞行能力、变大的眼睛以及与现代鸟类相似的大脑，而其他结构中仍然保留着爬行动物的很多特征（比如具有牙齿和尾脊骨）。这种速度不一致的进化现象正是前文提到过的“镶嵌进化”。

在这种情况下，表型似乎是由一些或多或少独立的基因产生的。因此，有人假设，基因型是由一组基因模块组成的，每个基因模块控制着表型的某一部分。不过，这个观点遭到了大力支持还原论的遗传学家的反对。

越来越多的证据表明，基因型是由多个模块组成的。如果真是这样，一个调控基因就可以控制一个这样的基因模块，换句话说，一旦这个调控基因发生突变，将会导致表型发生显著的变化（间断）。在其他情况下，这类基因模块可能仅由一组基因组成，这些基因可能为应对某种选择压力而暂时地结合在一起，但一旦选择压力消失，这个基因模块也将会被拆散。很多时候，纯粹的还原论方法无法发现和解释某个基因型中的很多结构。

选择压力的平衡

正如达尔文所说，自然界中没有完美适应的个体。主要原因在于，每个基因型都代表着遗传变异与稳定遗传之间的妥协。环境总是处于变化之中，干旱期结束时，种群会变得更适应干旱，尽管即将来临的是湿润期。从长期来看，基因型在互有冲突的需求之间取得了平衡。同样的原理也适用于生物体对于捕食者和竞争者的行为模式。惯用数学思维的进化论者从博弈论和优势策略的角度解释了这类现象。当然，动物不可能去检验各种策略的优劣性。事实上，基因型决定了某个变异种群中的一些个体胆小，另一些个体则比较胆大。在特定情况下，那些成功地平衡了这两种倾向的个体会获得最大的生存机会。因此，并不存在对最佳模式的选择，相反，群体的平均值反映出的是不同甚至相互冲突的遗传倾向之间的平衡。

生物针对环境变化做出的反应通常是不可预测的。当上新世的北美大陆变得非常干旱时，植被做出了反应，那些难吃的、粗糙的草本植物茂盛起来。原先以树叶为食的马因此灭绝了，并被具有高冠齿的马类取而代之（见第 10 章）。后来当北美大陆又变得湿润起来时，有几种马又开始以树叶为食，但它们仍然保留着高冠齿的特征。也有一些例子显示，当回到以前的环境条件时，原先的选择会被逆转，桦尺蠖就是这样一个例子。近些年随着工业污染的大幅减轻，相应的煤烟和二氧化硫的排放减少，黑色桦尺蠖数量也随之减少了。

07 适应与自然选择：级进进化

为什么生物都非常适应当前的环境呢？如果我们不深入思考，可能会认为这种适应性是理所应当的。鸟类生有翅膀是为了飞翔，甚至它全身的结构都是为此而生；鱼类流线型的体型以及鱼鳍都是为了能在水中游动，它们还有鳃用于在水中摄取氧气。所有适应的生物都恰如其分地具有相应的特征。但是，当你细细思考这个问题时就会怀疑，这个世界为什么会有如此完美的呈现。这种完美是指所有生物在结构、功能和行为上都适应于其所处的有机和无机环境。这种看似完美的例子还包括脊椎动物和昆虫的眼睛之类的结构；候鸟每年迁徙到热带过冬，并在来年春暖之季准确地回到迁徙前的栖息地；还包括社会性昆虫群体个体之间的紧密合作，比如蚂蚁和蜜蜂。

从人类有文字起，就有思想家或宗教人士追问过这种完美适应的原因以及如何发生之类的问题。在自然科学兴起以前，只有宗教对此做过一些解释。17～18世纪，虔诚的教徒将这种完美的适应性视为造物主存在的证据，他们认为，睿智的造物主创造了所有的生物，并使它们都具备了适应自然界中特定环境所需的结构和行为。专门研究造物主作品的自然神学是神学的一个分支。即使在当下科学昌明的时代，仍然有神创论者坚信万事万物是由造物主创造出来的。

然而，自然神学的主张遇到了相当大的困难。是的，狼会吃羊，但有人认为造物主创造出羊是为了不让狼被饿死。然而，只要你仔细观察，就会发现自然界中充满野蛮和浪费的行径。随着科学家对自然界的深入了解，神创论的可信度进一步下降。人们甚至对上帝如何完成他的创世任务更加怀疑。首先，数以百万计的生物物种在结构、功能、行为和生命周期等方面体现出来的适应性都有其独特性，很难用普遍的法则来统筹。其次，造物主没有那么多的心力去设计从低等生物到高等生物的所有个体的特性和生命周期等每一个细节。对自然界的寄生和其他残酷现象的研究都大大降低了“神造万物”的可信度。如果19世纪的博物学家能够用自然主义的解释取代自然神学的超自然解释，那对他们来说是一种极大的安慰。然而，找到一种有说服力的基于自然主义的解释没那么容易。

不过，适应的过程非常符合自然神学的思想，也符合亚里士多德提出的“目的论”。非达尔文主义者认为适应性的内在原因就是“目的论”。即使在 1859 年之后，一些对自然选择持怀疑态度的进化论者仍然认为，适应的过程是以目的为导向的过程。事实上，达尔文对适应过程的解释不涉及任何目的论因素。

达尔文对适应过程的解释都基于种群思维，这种解释成功地反驳了所有异议。如果用自然选择理论来说明适应过程的话，那么生物特征就是其祖先种群的变异适应自然的结果。经过自然选择的淘汰，那些适应能力更强的个体生存了下来。由于种群中的每一对双亲的后代都经历了同等的自然选择，因此最终生存下来的种群整体上都会保持甚至提高原有的适应性。

适应性的定义

各类文献中对于适应性的定义有成百上千条。最被广泛认同的定义是，如果某个特征增加了生物的适应性（无论如何定义），也就是说这个特征有助于一个个体或社会群体的生存和 / 或成功繁殖，那么这个特征就具有适应性。或者定义为，适应性是生物的某种特性，这种特性可以是一种结构、一种生理特征、一种行为或者其他特征，拥有这种特性的个体更容易在生存竞争中获胜。我们现在有理由认为，大部分这样的特性是通过自然选择获得的，即使这些特性源自随机事件，自然选择也有助于保持这些特性。

确定是否具有适应性，关键在于此时此地。无论一种特性一开始就具有适应性，比如节肢动物的外骨骼，还是通过功能的改变而获得，比如海豚和水蚤可以游泳的肢，都与将其确定为适应性特性无关。无论如何，适应过程都不是以目的为导向的，而仅仅是淘汰（或者性选择）后的产物。适应作为一个后验过程，表型中某部分的早期历史与其适应程度毫无关系。如果生活在类似环境中的无关联生物也具备了相同的适应性，或者通过适应的实验改变某一特征的适应性，那么我们就可以轻易地识别出这种适应性。有一种评估适应性的方法是，研究不同自然种群中适应性特征的变异情况。

“适应”一词的含义是什么

不幸的是，“适应”这个词在有关进化的文献中会被用来说明两件完全不同的事情，其中一个用法是合理的，另一个则不是。这给后来的学者带来了很大的困扰。

适应的合理用法是指受到自然选择青睐的生物的某种特性，它可以是一种结构、生理特征、行为或者生物具备的其他特征。但是这个术语也被错误地用于指代一种主动获取有利特征的过程。这种观点可以追溯到古人所信奉的一种思想，即生物都具有内在的自我改善能力，它们可以稳定地趋于“完美”。如果有人接受获得性遗传的观点，就会认为长颈鹿通过伸长脖子使脖子“适应”出一个改进后的结构。这种观点认为，适应过程是一个以目的论为基础的主动过程。现在仍有一些学者认为适应就是这样一个过程，因而拒绝接受适应的所有概念。但这种定义显然是站不住脚的。

达尔文主义者认为，适应完全是一种后验现象，也就是说，适应基于对现有事实的归纳总结。经历过淘汰过程并存活下来的每一代个体都是适应的。淘汰过程并没有目的性，也并不以创造出适应为目标，适应只是淘汰过程的副产品。

为了避免使“适应”一词产生歧义，最好用这个词来说明正在适应的状态。然而，我们没有理由不用“适应”这个词来描述生物通过自然选择获得或保持的某种能提高竞争优势的特性。许多个体的适应都是通过功能的改变获得新的功能，比如鱼类的鱼鳔是由肺进化而来的，哺乳动物的中耳骨来自爬行动物的颌关节。实际上，适应过程是一个被动的过程。如果没有良好的适应性，生物个体就会遭到淘汰，但是幸存下来的个体也没有像目的论进化论者认为的那样通过特殊的活动来提高适应性。从术语上区分以前具有不同功能的适应与一直具有同一功能的适应并没有什么意义。并且，生物个体除了具有特定的适应性，作为一个整体，它们还必须适应所处的环境。

某些物种在繁殖方面具有的极佳适应性令人惊叹。生活在南极洲水域的大型信天翁每两年才生育一个后代，它们的生殖年龄是7～9岁（见表7-1）。自然选择为什么会导致如此低的繁殖力呢？

研究发现，在暴风雪肆虐的南极海域，只有最有经验和能力的鸟才能找到足以抚养后代的食物。此外，它们的优势还在于能够在没有捕食者的岛屿上建立种群，且没有竞争对手。因此，生殖年龄的延迟和后代数目的减少变成了一种选择优势。另一个例子是帝企鹅的繁殖周期。在南极冬季初期或中期这个经常有暴风雨的时期，帝企鹅在恶劣的条件下交配与产卵（只有一颗）。从时间安排上来看，幼崽将在来年的春天孵化，在温暖的夏天生长，它们的生存和生长条件都处于最佳状态。较长的寿命和缺少天敌补偿了信天翁与帝企鹅繁殖能力的急剧下降。有些极端环境中的物种，其适应能力有时更强，比如寄生生物。

进化讲堂 7-1
What Evolution Is

表 7-1　大型信天翁的低生殖率

特征	信天翁	大多数鸟类
产卵数量	1	2～10 个以上
首次生殖年龄	7～9 岁	1 岁或更小
生殖周期	2 年或更长	1 年或更短
平均寿命	60 岁以上	大多数不到 2 年

生物适应什么，什么是生态位

我们通常说物种适应了所处的环境，这种说法并不准确。一个物种与成百上千个其他物种生活在同一环境中。对生活在热带森林里的蜂鸟来说，它们在树冠上觅食和筑巢，至于森林的地面上是否有岩石，对它们并没有任何影响。因此，每个物种只适应于环境特性的一个相当有限的选择，这种特性既包括一般条件（主要是气候），也包括独属于每个物种的资源（食物、栖息地等）。这种特定的环境特性为物种提供了生存所必需的条件，即生态位。关于生态位的定义也有两种。经典定义认为，自然界中有成千上万个潜在生态位，这些生态位被各种适应它的物种占据着。根据这种观点，生态位是环境的特性。不过，一些生态学家认为，生态位是指占据着它的物种的特性。对于他们来说，生态位是物种需求的外在体现。

关于生态位的这两种定义，有什么方法可以判断哪一种更合理呢？下面的例子也许能助我们找到答案。华莱士线以西的巽他群岛上有两个最大的岛，分别是婆罗洲岛和苏门答腊岛，每座岛上都生活着 28 种啄木鸟。虽然华莱士线以东的新几内亚热带雨林的生态环境与这两座岛很相似，树种也差不多，但在新几内亚没有一只啄木鸟。难道是因为新几内亚不存在啄木鸟的生态位吗？当然不是。通过仔细研究马来亚啄木鸟的生态位，我们发现其与新几内亚的环境因素非常匹配。因此，我们完全没有理由认为新几内亚不存在啄木鸟的生态位。事实上，新几内亚早就具备啄木鸟的生态位，只是啄木鸟无法跨越横在苏拉威西与新几内亚之间的水域障碍，新几内亚本土的鸟类中也没有发展出啄木鸟的分支。还有一些其他证据表明，经典定义对生态位的定义更加准确，即生态位是环境的特性。生物地理学家们都清楚，每一种外来的物种都必须适应新环境中的生态位。因此，环境一词通常有两种不同的含义，一种是指物种或生物群所处的整个环境，另一种仅指特定生态位的组成部分。

适应的层级

区分不同层次的适应非常有必要，这里的适应包括对广泛适应区的适应以及对物种特定生态位的适应。适应过程的发生是有层次的。也正是因为这个原因，针对高度特化的生态位的物种分化才有可能发生。在鸟类中，我们可以识别出啄木鸟、旋木雀、昼行或夜行的猛禽、大小各异的涉禽、会游泳和潜水的游禽、陆地上奔跑的走禽（鸵鸟、走鹃）、食鱼鸟类、食腐鸟类、食谷鸟类和食蜜鸟类。它们都具备与各自食性或活动习性相适应的喙、舌、腿、爪、感觉器官、消化器官以及其他结构和行为。这些都表现出了鸟类对各自所处的特定生态位的适应性。鸟类具备的这些特征都与它们占据的特定生态位的特点相适应。经过对飞行的适应，鸟类与它们的爬行动物祖先呈现出了形态上的差别。鸟类有羽毛和翅膀，由于牙齿和尾骨退化，体重减轻，而且它们的骨骼坚硬、薄而轻，并且中空。此外，鸟类是温血动物，并且具有许多适应飞行的生理特征。

一般适应性和特殊适应性

当我们研究任何特定生物群体的生活方式时，都会惊叹于它们各自特殊的适应能力，正是这种适应能力才使它们各自的生活方式成为可能。比如，鸟类具有翅膀和羽毛，失去了沉重的牙齿，骨骼变成中空的，尾骨退化，成为温血动物，以及具有适应飞行的生理特征。不过，正如达尔文反复强调的，鸟类也有与其他脊椎动物相同的第二套特征，这些特征来自它们的共同祖先。这些共同的特征并不是对飞行的适应，而是属于脊椎动物身体结构的一部分。负责鸟类这一部分表型的基因是来自祖先的基本发育机制的组成部分，这些部分整体来看是适应的，但是单独拎出来看，并不是每一个特征都是适应的。

在胚胎发育的过程中，首先形成的是身体结构的基本特征，然后才是适应所处生态位的特征。这是对“重演律”现象的完美诠释，比如鲸鱼胚胎中牙齿的发育，以及陆生脊椎动物的鳃弓的发育。每个生物都必须作为一个整体来适应选择压力，但与此同时，也必须拥有与其祖先基因共存的能力。生物并非每一个部分都适应当下的生活方式。这些特殊的适应是基于身体结构之上的。最能说明这一点的事实是，同一片海域中生活着 15 ～ 20 个门类的物种，尽管它们的身体结构存在巨大差异，但这并不会妨碍它们很好地适应所生活的环境。

适应能被证明吗

如何证明一个个体及其结构和行为都具有适应性呢？这是一个切实且非常重要的问题。对于这个问题，我们只能通过反复且严格的对生物适应性的测试来解答。这就是所谓的“适应主义计划”（adaptationist program）。下文我们将展开详细说明。

在分析适应性时，需要充分考虑一些限制性因素，这些因素可能会阻碍表型获得最优的适应性。还需要牢记的一点是，作为整体的个体才是自然选择作用的对象，而存在于表型的不同方面的选择压力之间存在着相互作用。始祖鸟就是一个很好的例子，它们首先获得了飞行必需的相关适应特征，比如羽毛、翅膀、经过改善的眼睛以及扩大的前脑，但是它们仍然不太适合飞行，还保留了一些不太重要的、未完全适应飞行的爬行动物特征，譬如牙齿与尾巴。

从理论上来说，有两种方法可以证明某个特征具有适应性。第一，可以证明某种特征的产生不是偶然的，但这种方法很难取得成功。第二，可以对某个特征可能具备的各种适应优势进行检验，如果所有反驳这些优势的尝试都失败了，就可以证实该特征具有适应性，而且必须检验存在疑问的特定表型特征的适应性。

生物体几乎所有特征都可以被证明并且已经被证明具有选择意义。已经通过实验检验的例子有工业污染导致飞蛾的黑化现象、蜗牛壳的条纹模式、拟态以及性二型现象等。相反，若想证明生物的任一特征没有选择方面的意义，几乎是不可能的。因此，只有当所有试图证明某一特征的选择价值的努力都失败时，我们才别无他法地用偶然性来解释特征的适应。

适应是逐渐获得的

新的适应通常是逐渐获得的。1.45 亿年前的始祖鸟化石完美地呈现了介于爬行动物和鸟类之间的物种的样子。始祖鸟仍然具有牙齿、长长的尾巴、简单的肋骨以及分开的髂骨与坐骨等爬行动物的特征，与此同时，它们已经有了鸟类的羽毛、翅膀、眼睛和大脑。鲸鱼的祖先化石记录了它们在适应陆生与水生两种不同环境时的类似的中间状态。达尔文对眼睛这种精妙的结构竟然可以通过自然选择进化而来感到惊讶不已。不过，解剖学家已经证明，眼睛不仅在动物区系中至少独立地进化了 40 次，而且每一个中间步骤都是在表皮上一个最简单的光敏点到完整的眼睛之间发生的。所有拥有眼睛的生物体内都具有调控基因（pax6），这种基因也存在于无眼类群内。pax6 基因非常古老，每当“眼睛”被选择出来时，它就被用于调节视觉。

趋同

开放的生态位或者生态区常常被不相关的物种反复占据，这些物种一旦适应了这些生态位，就会因为内聚性而变得非常相似。澳大利亚有袋类哺乳动物就是一个显著的例子。在缺少胎盘类哺乳动物的情况下，有袋类哺乳动物进化出了与北半球胎盘类动物，如鼯鼠、鼹鼠、老鼠、狼、獾以及食蚁兽等相对应（且非常相似）的适应模式。澳大利亚（吸蜜鸟）、非洲和印度（太阳鸟）、夏威夷（管舌鸟）以及美洲（蜂鸟）分别进化出了非常相似但不相关的食蜜鸟类。同样，南美洲、非洲、马达加斯加、澳大利亚以及新西兰分别进化出了翅膀退化不能飞行的走禽鸟类；澳大利亚、菲律宾、非洲、北极圈和南美洲都分别进化出了旋木雀；亲缘关系较远的美洲豪猪与非洲豪猪长得非常相似，以至于不久之前人们还以为它们是近亲。类似的趋同现象在动物群体中随处可见，甚至在植物中都可以找到，比如美洲的仙人掌科和非洲的大戟科植物。甚至有些亲缘关系较远的动物表面上也非常相似，比如鲨鱼（鱼类）、鱼龙（爬行动物）与鼠海豚（哺乳动物）。

植物、真菌、原生生物和细菌也普遍具有适应性。生命具有惊人的应变能力，能对自然选择作出反应，并利用生态机遇。

进化论小结

有性繁殖生物的进化是从最小的同类群到生物学物种的杂交种群集合体的种群遗传更替。许多过程，尤其是突变，促成了这些遗传变化，进而提供了自然选择所需的表型变异。其中最重要的过程就是重组，它为新一代提供了用之不尽的新基因型。紧接着自然选择会淘汰不适应的个体，平均每对双亲只留下两个后代。那些更能适应无机环境和有机环境的个体更有机会生存下去。

根据进化生物学，这个过程有利于发展出新的适应性和获得进化新形态，进而推动进化的发生。除了单一成种事件，即染色体只需一步剧烈突变就能产生新物种（见第9章），整体来说，进化是一种种群更替，是一个渐进的过程。

遗传物质（核酸）非常稳定，不受环境的任何影响。遗传信息不可能从蛋白质传递到核酸，因此获得性遗传不可能发生。这是对拉马克进化理论的完全否定。达尔文的进化模型建立在随机变异和自然选择的基础之上，它令人信服地解释了物种方面的所有进化现象，特别是适应。

WHAT EVOLUTION IS

第三部分

多样性的起源以及进化：分支进化

08 多样性的单位：物种

欧洲早期的博物学家并没有认识到世界上的生物如此丰富且多样，他们关注的只是周围显而易见的动植物。不过，这种情况到了中世纪就很快发生了改变。在 16 ～ 19 世纪的大航海时代，人们逐渐认识到，每个大陆都有本地的生物区系，而且不同纬度的动植物之间存在很大的差异，热带的生物与温带及北极地区的生物就完全不同。同时，有关海洋生物的研究也发现，从海平面到海底的范围内分布着丰富的海洋生物。借助显微镜，人们还发现了一个巨大的由浮游生物、土壤真核生物、小型节肢动物、藻类、真菌和细菌组成的世界。但是这些发现并不是终点，古生物学还开辟了一个全新的领域，使我们得以通过化石记录认识地球过去不同地质时期出现过的各种生物。

对于分类学领域取得的成就，我们在此不再赘述，实际上，已经有将近 400 万种物种被描述和分类（未被描述的物种还有约 500 万～2 000 万种）。接下来，我们会将重点放在解释这些令人惊叹的生物多样性的进化问题上。

现生生物中共有多少种物种

非专业人士很难理解这个问题的难度。无性繁殖（克隆）的无性系（尤其是原核生物）与有性繁殖的生物学物种完全不同。而且更重要的是，大部分分类单元仍然鲜为人知。比如人们对热带昆虫或者蜘蛛的属进行分类修订时，发现 80% 的种类都是新物种。对于线虫、螨虫以及其他许多不知名类群，我们也知之甚少。1758 年，林奈命名了约 9 000 种动植物。而如今，仅以动物为例，已被命名的物种多达 180 万种（这里面还不包括无性繁殖动物），而所有物种加起来大约在 500 万～1 000 万种之间。大多数物种生活在热带雨林地区，但是现在，每年都会有 1% ～ 2% 的热带雨林遭到破坏，这样下去物种的数量将会大幅减少。

罗伯特·梅（Robert May）对物种数量的估算相当保守（见表 8-1）。这种估算是以生物学物种概念为基础的。如果从模式物种概念（包括系统发育物种）的角度去理解，这一预估的数字还可以翻一倍。导致梅的估算过于保守的另外一个原因是，他没有将姊妹种包括在内。现生动物的数量估计约 557 万种，这太少了，还有人估计，这一数字高达 3 000 万，又有点过高了。这些数字最大的意义是用来作比较研究，比如，陆生的哺乳动物的物种总数（4 800 种）比鸟类的物种总数（9 800 种）少了一半多（见表 8-2）。

表 8-1 现生生物的推测物种数量（单位：千）

界		部分门或纲	
原生生物	100	脊椎动物	50
藻类	300	线虫	500
植物	320	软体动物	120
真菌	500	节肢动物	4 650
动物	5 570	（甲壳类	150）
	6 790	（蜘蛛类	500）
		（昆虫	4 000）

数据来源：罗伯特·梅（1990）。

表 8-2 脊椎动物主要纲的物种数量

动物纲	数量
硬骨鱼	27 000
两栖动物	4 000
爬行动物	7 150

续表

动物纲	数量
鸟类	9 800
哺乳动物	4 800

鸟类和哺乳动物是最广为人知的，即便如此，人们每年还会发现大约 3 种新的鸟类，而在哺乳动物中，除了近年来新发现的蝙蝠与啮齿动物，最近在越南又发现了一些新的大型哺乳动物。9 800 种鸟类是基于多型种的概念统计出来的，根据这一概念，相对封闭的边缘性种群常被划分为亚种，而非另外一个不同的种。如果把每一个亚种都归为一个异型种（近种），鸟类物种的总数可达到 12 000 种。目前所知的物种数量最多的动物类群是甲虫鞘翅目。对于许多动物的科，甚至更高阶元的目或者纲，目前已经无人在专门研究。人们担心，我们将来命名新物种的速度会比过去还要慢。关于这方面的研究可参考罗伯特·梅 1990 年的工作。

长期以来，博物学家一直面对着一个难以调和的矛盾：一方面，物种在时间和空间上呈现出连续的逐渐变异现象，这种现象具有普遍性；另一方面，物种之间或更高级分类单元之间又存在间断性差异。最令古生物学家印象深刻的莫过于化石记录的不连续性。这也是他们中的许多人坚定地支持骤变论的原因。然而，我们现在知道骤变并不会发生，因此我们必须搞清楚一个问题：物种之间的间断是如何发生的？

物种概念与物种分类单元

如果不知道物种是什么，就无法研究物种之间的间断如何发生。为了在这一点上达成共识，博物学家进行了艰难的尝试。在他们的著述中，这个问题被称为“物种问题”。到目前为止，关于物种的定义还未达成一致。造成分歧的原因有很多，其中最重要的有两个。第一个原因是，物种这个词有两种完全不同的含义，一种是作为概念的物种，另一种是表述分类单元的物种。概念物种是指物种在自然界中的意义以及在自然界中所扮演的角色。

分类单元物种指动物学对象，指的是满足物种概念定义的群体的集合体。例如智人作为分类单元是地理上分布的种群的集合体，作为一个整体，它符合特定的物种概念（见下文）。导致在“物种问题”上出现分歧的第二个原因是，在过去的 100 年里，大多数博物学家对这个问题的看法发生了改变，他们从支持模式物种概念转变为接受生物学意义上的物种概念。

如果在整个地理范围内，一个物种不同种群之间的差异很小，小到在分类学上几乎没有什么识别性，那么这个物种就被称为单型种。然而，在通常情况下，即使是同一物种，分属不同区域的种群之间的差异也很大，足以被视为亚种。由多个亚种组成的物种分类单元被称为多型种。

物种概念

根据传统观点，自然界的任何一类物体，无论是有生命的还是无生命的，只要与其他类似的类型存在明显差异，就可以被称为物种。这样的物种具有许多独有的特征，这些特征可以使其与其他物种区分开来。哲学家将这类物种称为“自然物种”。这种认为物种具有明确的界限的物种概念就属于模式物种概念。根据这一概念，一个物种是一个恒定不变的类型，与其他物种之间存在着不可逾越的界限。对于在某一特定时间段内进行有性繁殖的物种来说，我们很容易将特定地点发现的生物划分成不同的物种。这种类型被称为“无维情况”。这样的物种共存于同一时间和空间，通常被明显的间断分开。

到了 19 世纪末和 20 世纪初，越来越多的博物学家认识到，生物的物种并不是模式或模式群，而是种群或种群团（见第 5 章）。此外，人们还发现了模式物种概念的基本原则，即物种的地位由表型的差异程度决定，在实际运用中遇到了困难。例如，越来越多的案例表明，尽管同域的自然种群之间在分类上没有什么明显的差别，但是它们之间无法繁殖。这完全不符合模式物种概念。这样的物种现在被称为隐存种或者姊妹种。就像表型不同的物种之间存在差异一样，姊妹种在遗传、行为和生态方面表现出了与传统意义上的物种相同的差异，但是没有传统分类学意义上的差异。植物和原生生物中也存在姊妹种。

姊妹种

共存的物种之间没有明显的分类特征来显示它们之间的差异，这是一种很普遍的现象。疟疾在欧洲的分布模式曾令人感到非常困惑，直到人们发现，传播疟疾的昆虫——五斑按蚊实际上是 6 种不同姊妹种的集合体，其中一些不是疟疾寄生虫的载体。著名原生动物学家 T. M. 索恩本（T. M. Sonneborn）花费了 40 年的时间来研究双小核草履虫及其变种，后来发现它们由 14 种姊妹种组成。几乎 50% 的北美蟋蟀都是通过它们的叫声被识别出来的，因为它们的表型非常相似。到目前为止，人们对大多数动物门或纲中姊妹种频繁出现的原因知之甚少。

进化讲堂 8-1
What Evolution Is

姊妹种

姊妹种是指在生殖上存在隔离的自然种群，即使它们共同生活在一起，也无法相互繁殖。然而，传统的分类特征完全无法将它们区分开。在许多高级分类单元中，姊妹种很常见。

对于坚持模式论的分类学家来说，相反情况的发现同样令人感到困惑。许多物种中的个体与同一种群中的其他个体之间有着明显的差异，但它们之间却可以相互繁殖。蓝雁和雪雁就是一个显著的例子，两者都不符合模式物种的定义。

最终，分类学家一致认为，必须提出一个新的物种概念，这一概念不是基于差异的程度，而是基于其他一些标准。他们的新概念基于两个标准：第一，物种是由种群组成的；第二，如果种群之间可以相互繁殖，就属于同一物种。这就推导出了生物学意义上的物种概念："物种是由可以相互繁殖的自然种群组成的类群，这一类群与其他类群之间存在生殖隔离。"换句话说，一个物种就是一个生殖群落。物种之间的生殖隔离是由所谓的隔离机制导致的，即通过个体特性，可以阻止其与其他物种中的个体进行繁殖，或者使这种繁殖不成功。

还有其他的物种概念和定义吗

在过去的 50 年里，人们提出了六七种所谓的物种概念。这些新的物种概念恰当吗？我认为并不恰当。提出这些新概念的人都没有理解概念物种和分类单元物种之间的区别。他们提出的不是新概念，而是关于如何划分物种分类单元的新标准。

进化讲堂 8-2
What Evolution Is

物种的三种定义

"物种"这个词对不同的人有着不同的含义。如果对这些含义之间的差异没有清晰的认识，就会产生混淆。最为重要的是，我们必须区分“物种”一词的三种不同用法。

物种的概念 我已经描述了19世纪末和20世纪初生物学意义上的物种概念如何更正甚至在很大程度上替代了模式物种概念，后者曾备受经典分类学家的推崇。哲学家将模式论中的物种称为自然物种。这种模式论的概念与物种的种群性质及其进化潜力相矛盾。当人们不确定是否应将某一特定种群视为一个物种时，可以运用生物学物种概念来评判，即生殖兼容性。同域的种群也可以通过这一原则得出明确的答案。然而，当涉及异域的种群时，就必须推断它们之间的生殖不兼容性程度是否与同域物种一样。不过，这样的推论难免会有些武断。只有模式物种和生物学物种两个物种概念得到了普遍运用。

物种分类单元 人们从地理空间上研究物种时发现，大多数物种是由许多地域性种群组成的，这些种群之间的差异或大或小。根据生物学物种概念，这种按地理空间分布的种群的集合体就是所谓的分类单元物种。分类单元物种总是多维的，即便物种概念建立在无维度的情况下。有明确划分的亚种的物种分类单元被称为多型种。

物种阶元 这是按照林奈分类法进行排列的等级，一个物种分类单元所在的阶元就是种级。即使无性生物没有形成生物学种群意义上的种群，相关学者也将它们视为林奈等级中的物种阶元。

物种概念描述了物种在生物世界中所扮演的角色。到目前为止，人们只提出了两个合理的概念：一种是模式物种概念，物种是一种或者一类不同于其他的事物，物种的定义界定了物种的标准；另一种是生物学物种概念，物种被视为一个生殖群体。在给定物种概念的情况下，界定物种的标准会宽泛很多。威利·亨尼格（Willi Hennig）对生物学物种概念进行了调整，以适应分类的需要，从而可以划分适当的进化分支。

休·佩特森（Hugh Paterson）提出的物种概念只不过是生物学物种概念的另一种说法。古生物学家G. G. 辛普森（G. G. Simpson）提出的进化物种概念缺乏明确的标准，无法在实践中使用。而各种所谓的系统发育物种概念只不过是基于模式论的规定来划分物种分类单元。这些新的物种概念实际算不上新概念，它们要么是两个标准概念的重组，要么是关于如何划分物种分类单元的说明。

生物学物种概念只适用于有性繁殖的生物。无性繁殖生物被归为无性种（见下文）。近些年来，人们提出了各种各样的物种概念，但没有一个概念能够取代生物学物种概念。

辛普森认为，古生物学中需要一个不同的物种概念，因此他提出了进化物种概念。然而，他的定义包含了几个无法判断的标准。此外，他的物种概念对线性谱系中物种的划分也没有帮助。系统发育物种概念根本算不上一个概念，其只是一种如何在系统发育树中划分物种分类单元的模式论式的说明。同样，识别物种概念只是生物学物种概念的另一种表述。

物种的意义

达尔文主义者总是想知道为什么生物的每一种特征都会发生进化。所以，他们会问："为什么存在物种？为什么有性繁殖的生物个体组成了物种？为什么生物世界不是简单地由独立的生物个体组成，每个个体都是与它遇到的相似个体进行繁殖？"原因很明显，关于物种间杂交的研究可以给出这些问题的答案。杂种（特别是回交的杂种）的生存优势往往很小，通常无法存活或很难繁殖后代。动物杂种尤其如此。这表明，作为一种平衡和谐的系统，基因型必须非常相似才能成功交配。否则，受精卵就容易成为亲本基因不平衡、不和谐的组合，这样产生的个体就可能无法生存或者无法繁殖。不同物种之间的杂交通常如此。

物种的意义现在已经很明确了。物种的隔离机制可以保护基因型的平衡与和谐，并使它们成为一个整体。个体和种群组成物种的这种组织形式可以防止那些平衡、成功的基因型发生分裂，就像它们与不兼容的基因型杂交后所发生的那样，因此这样也阻止了劣质个体或不育杂种的产生。物种的这种完整性是通过自然选择来维持的。

隔离机制

那么，这些隔离机制具体是什么呢？隔离机制是生物个体的生物学特性，这种特性阻止了同域的不同物种种群之间发生杂交。

这一定义清楚地表明，地理障碍或任何其他单独的外部隔离都不是隔离机制。例如，一条山脉将原本可以同域杂交的两个种群分隔开，这条山脉就是隔离机制。此外，隔离机制经常出现“疏漏”，特别是在植物中，它们无法防止偶尔的“错误”，从而产生杂种。不过，这种偶然的杂交并不足以成功地使两个物种的种群间产生普遍的杂交和融合。

关于隔离机制的分类，人们提出了许多方法。我采纳的方法是，按照潜在配偶必须克服的障碍的顺序来分类。

进化讲堂 8-3
What Evolution Is

隔离机制的分类

1. 交配前或形成合子前的机制：防止相互交配的机制
   a. 潜在的配偶无法见面（季节性的隔离和栖息地隔离）
   b. 行为不相容从而妨碍交配（行为隔离）

c. 发生交配但没有精子的迁移（机械隔离）

2. 交配后或合子形成后的机制：降低杂交成功率的机制

a. 精子发生迁移，但卵细胞未受精（配子不相容）

b. 受精卵死亡（合子死亡）

c. 受精卵发育成存活率极低的 F1 杂种（杂种不存活）

d. 杂种 F1 成功存活，但有部分或者全部不育，或者产出有缺陷的 F2（杂种不育）

不同的生物群体可能有不同的隔离机制。例如，哺乳动物和鸟类主要是由于行为不相容而产生了隔离。像鸭属的很多种类之间完全可以繁殖，但无法进行交配。认为不育是主要的隔离机制的想法是不正确的。显然，不育这种隔离机制在植物中比在动物中更重要，因为植物的受精是被动的，也就是说，植物的受精会受到风、昆虫、鸟类或其他外在因素的影响。由于这个原因，植物中的杂交现象比高等动物中更频繁。

然而，偶尔的杂交很少会导致两个亲本物种发生完全的融合。不过，在植物中，杂交可能会通过异源多倍体产生全新的物种（见第 9 章）。关于各种隔离机制的遗传基础的研究仍处于起步阶段。建立生殖隔离所需的基因数量可能只有一个，比如控制两个蝴蝶物种的信息素比例的基因，也可能有 14 个或更多，比如导致两种近缘果蝇的杂交雄性不育的基因。

杂交

杂交的传统定义是，两个不同物种之间的交配。杂种就是杂交的产物。同一物种不同种群之间会频繁发生基因交换（被称为基因流动），但这并不是杂交。杂交经常发生在隔离机制效率不高或者出现疏漏的情况下。成功的杂交会致使一个物种的基因转移（基因渗入）到另一个物种的基因组中。在一些种群，特别是那些高度近亲繁殖的种群中，这种基因传递可能会提高其适应性。

在不同的物种中，杂交的频率存在很大的差异。大多数高等动物中很少发生杂交，不过在某些属中也比较常见。例如，加拉帕戈斯群岛上的 6 种地雀之间存在着频繁的杂交现象，而且这并没有降低它们的适应性。一些植物的科中也经常发生杂交。尽管这些科中有着频繁的基因渗入现象，但显然杂交很少导致两个物种发生融合，而产生全新物种的概率更少之又少。

在植物中，如果不育杂交种的染色体数目翻倍，可能会产生具有繁殖能力的异源四倍体物种（见图 5-2）。在某些脊椎动物类群（爬行动物、两栖动物和鱼类）中，杂交种可能变为孤雌生殖，并且作为独立的物种发挥作用。在某些物种的杂交中，F1 代可能具有较高的存活率（杂种优势），但 F2 代及其后代乃至回交后代则相反。一般来说，当尚未获得足够有效的隔离机制的两个种群（物种）再一次接触时，就会发生杂交。

物种特异性

虽然种群中的每个生物个体都是独一无二的，而且每个地域性种群在基因上都与其他种群有所不同，但物种内部的变异并不意味着该物种的成员不具备物种特异性。不过，这些特异性并不是恒定不变的，而是一直发生着某些变化，更为重要的是，它们有能力在后代中发生进化。到目前为止，最重要的物种特异特征是隔离机制，其他的特征可能包括生态特征，比如生态位偏好。

尽管存在各种区域性因素，但每个物种呈现出的连续性都是通过许多整合的过程来维持的，其中最重要的是基因流动（见第5章）。基因型的保守性也同样重要。一个本地种群的基因型都是历经成百上千世代的自然选择的结果。任何偏离这一最优值的基因型都会被正常化选择淘汰。然而，在一个物种的不同分布区域，选择因素并非完全一样。例如，所处的纬度不同，温度也会存在差异，许多物种的本地种群经过选择变得非常适应当地的气温。这样就促使这一物种产生了与气候梯度相平行的生物特征梯度。这样的一个特征梯度被称为一个渐变群。渐变群通常涉及某一特定特征。一个物种的地理变异可能包括许多渐变群。

无性生物中的物种（无性种）

无性繁殖生物中并没有与有性繁殖生物等同的生物物种。原核生物中并没有类似于种群的生殖群落。因此，人们不确定细菌应该分为多少个物种。此外，像真细菌与古细菌这样截然不同的细菌，有时甚至被分为两个界，它们之间能通过横向传递来频繁地交换基因。在这种情况下，人们不得不回到模式物种概念上来，根据差异程度来识别这些物种，即所谓的无性种。

然而，真核生物中也广泛存在着无性繁殖。每一个无性繁殖的个体都是相同基因的个体的克隆（无性系）。每当发生新的突变，就意味着新的无性系的诞生。每个无性系都是自然选择作用的对象。由于自然选择，许多无性系被淘汰了，正因为如此，成功存活下来的无性系群落之间就会产生间隔。如果这些群落被足够大的间隔彼此隔开，它们就可以被视为不同的物种。原核生物的物种形成是由突变和中间状态的无性系的灭绝引起的，这与生物学意义上的物种形成完全不同。如果无性种（无性种系）与其他种系类群之间存在差别，就像生物学意义上的物种分类单元之间的差别一样，那么按照林奈分类法，该无性种可以被视为一个物种。

在下一章，我们将探讨在有各种隔离机制来保持现有物种的内聚性的情况下，新物种是如何产生的。

09 物种形成

第 5 章到第 7 章中，我讨论了在特定种群中发生的进化过程。如果这是唯一的进化过程，假使每个物种都可能进化，世界上的物种总数也将永远保持不变。如果某物种真的灭绝了，这就需要寻找一个问题的答案，替代物种从哪里来？拉马克认识到了这个问题，并通过假设新物种的连续起源是自发产生的来解决这个问题。新物种可能是他所知道的最简单的生物体，但会逐渐进化成高等植物和动物。我们现在认识到，由于地球大气层目前的组成，38 亿年前可能出现的新生命的自发产生途径，现在已经行不通了。我们必须寻找一个不同的答案。

物种形成

我们知道，新物种的起源确实是不断发生的，因此我们必须找到产生这种物种增殖的机制。我们想要找出数以百万计的现存物种是如何起源的。这种物种增殖的过程与化石中物种的线性谱系进化过程完全不同。但除此之外，我们还想知道细菌、真菌、巨型红杉、蜂鸟、鲸鱼和类人猿等截然不同的物种是如何进化以及为什么进化的。我们想知道地球上惊人的有机多样性的进化的一切过程。

这些问题的答案出现得很慢。达尔文自己也没能解决物种形成的问题。即使在 1900 年孟德尔的工作被重新发现，一开始也是生物多样性研究的一个挫折，因为遗传学是在基因层面上寻找答案的。结果，像摩尔根（Morgan）、缪勒、费希尔（Fisher）、霍尔丹和休厄尔·赖特（Sewall Wright）这样的顶尖遗传学家，也未能对我们理解物种形成做出任何有意义的贡献。他们的方法集中于发生在单一基因库中的过程，这使他们无法处理生物多样性的问题。

为了在物种形成研究上取得进展，我们必须采用一种完全不同的方法——比较一个物种的不同种群，即地理变异研究。这一方法确实被进化分类学家采用了，特别是在英国、德国和俄罗斯。在 1859 年之后的 60 多年里，鸟类、哺乳动物、蝴蝶和其他一些动物领域的权威专家们才达成一致，认为这种地理方法是解决物种形成问题的方法。他们采用了地理或异域物种形成理论，根据该理论，一个种群与其亲本种群隔离而获得隔离机制的同时，一个新物种就可能会进化形成。不幸的是，这些先驱者的工作实际上仍然不为数学群体遗传学家所知。直到 20 世纪 40 年代，在所谓的综合进化论中，遗传学家和博物学家 - 分类学家才相互了解了彼此的研究，并对他们的发现进行了综合。

后来人们认识到，要了解生物多样性的起源，仅仅研究不同时期的单一种群，也就是“纵向的”研究是不够的；相反，人们必须比较同一物种的不同现代种群：首先是对本地种群的比较，每一个种群都由特定地区潜在的杂交个体组成，然后研究一个物种的不同地理种群。这些地理种群或与同一物种的其他地理种群逐渐融合，或者因被一个地理屏障隔开而与其他种群存在明显的分类学特征差异。事实上，地理隔离差异很大，它们将被划分为地理亚种或新物种几乎是任意的。最后，我们研究了这些物种之间的差异，尤其是那些被认为是近亲的同域分布的物种。通过对这些不同的种群进行排序，我们可以重建物种形成的途径。

地理物种形成，似乎是鸟类和哺乳动物物种形成的唯一模式，也是研究最彻底的模式。但是，要更全面地考虑物种形成，我们必须首先从历史的角度来审视这个问题。

要理解一个物种如何产生多个后代物种，就有必要了解什么是物种。如第 8 章所言，物种分类单元是一组“与其他同类群体生殖隔离的杂交种群”。同时这样的生殖群体也不同于它的祖先和后代，这一特性导致了混乱。在比较一个物种谱系中不同时间维度上的种群时，古生物学家经常称它们为不同的物种，因为他们发现它们彼此不同，并使用“物种形成”这个词来描述这种变化。然而，这种时间维度上的变化并不会导致物种数量的增加，因此最好称之为线性谱系进化（见图 9-1）。

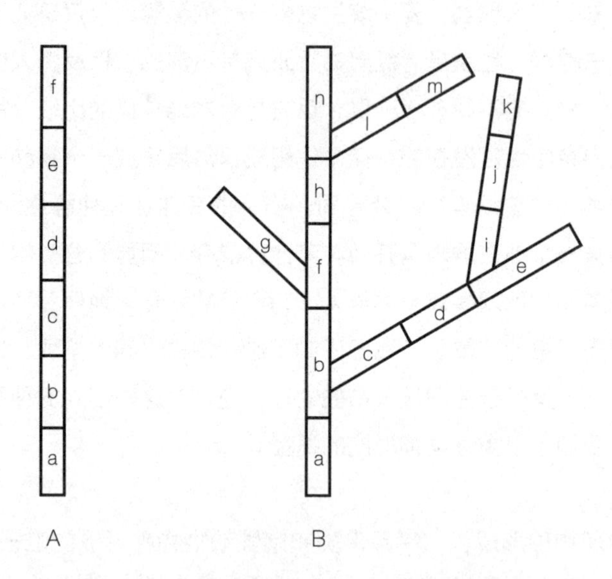

图 9-1　线性谱系进化（A）Vs. 物种形成（B）

注：在图 A 中，经过数千年或数百万年的进化，物种 a 进化成了物种 f，但它仍然只是一个单一的物种。在图 B 中，物种 a 通过物种增殖产生了 5 个后代物种（g、m、n、k、e）。

当现代进化论者谈到物种形成时，他们指的是物种的增殖，也就是说，由一个亲本物种产生几个新物种。这是达尔文在“贝格尔号”的航行中观察到的，当时他得出的结论是，一种“殖民”南美的嘲鸫在加拉帕戈斯群岛的不同岛屿上形成了三种不同的新嘲鸫。这个过程就是我们现在所说的地理或异域物种形成。

异域物种形成

异域物种形成过程提出的基本问题是：生殖隔离是如何产生的？要找到答案，我们不能将物种作为一个单一的种群，而需要将物种扩展到一个多维的物种分类单元。

在一个物种分类单元内，并不是所有种群之间都是相互接触，并积极交换基因的。有些种群实际上因为水、山脉、沙漠或任何其他不适合这个物种的地形形成的屏障，在地理上彼此隔离。这些障碍会减少或阻止有性繁殖物种的基因流动，并允许每个孤立的种群独立于亲本种群的其他种群进化。这种在隔离状态下进化的种群被称为雏形种。

在孤立的种群中会发生什么？可能会发生许多与亲本物种不同的遗传过程。可能会有新的突变，某些基因可能因抽样意外而丢失，重组会导致与亲本物种不同的新表型多样性的产生，可能会有来自其他种群的不同基因的偶然迁移。更重要的是，孤立的种群生活在一个与亲本物种不同的生物和物理环境中，因此暴露在不同的选择压力下。如果继续进行正常化选择，孤立的种群也将逐渐进行遗传重组，并日益与亲本物种分化。如果这个过程持续的时间足够长，被隔离的种群最终可能会在基因上变得足够不同，从而有资格成为一个不同的物种。在这一过程中，当障碍的性质改变，允许新进化的物种入侵亲本种群的范围时，新进化的物种可能获得新的隔离机制，进而防止其与亲本种群杂交。当这种情况发生时，雏形种就会被认定为新物种。这里所描述的过程即为地理或异域物种形成。一直以来形成的大量雏形种的命运是什么？它们中的大多数会在达到物种水平之前或灭绝之前再次与亲本物种融合。在这些孤立的雏形种中，只有一小部分完成了物种形成过程。实际上，异域物种形成有两种形式，即歧域成种和边域成种。

歧域成种

歧域成种的隔离是由于一个物种的两个相邻部分之间出现了地理屏障（见图 9-2）。例如，更新世末期白令海峡的洪水在西伯利亚和阿拉斯加之间形成了一个海洋屏障，并引发了本来连续的全北区种群的分化，现在它已被隔离为两部分。这种次要分离造成歧域成种在大陆区域最为常见。每次冰川期开始时，冰川的推进迫使撤退物种的种群进入无数孤立的冰川避难所，在那里它们或多或少彼此分化。类似现象也发生在热带地区。在更新世的干旱时期，热带雨林退化成了许多热带雨林避难所。这些避难所的许多种群变成了新物种。

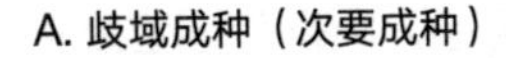

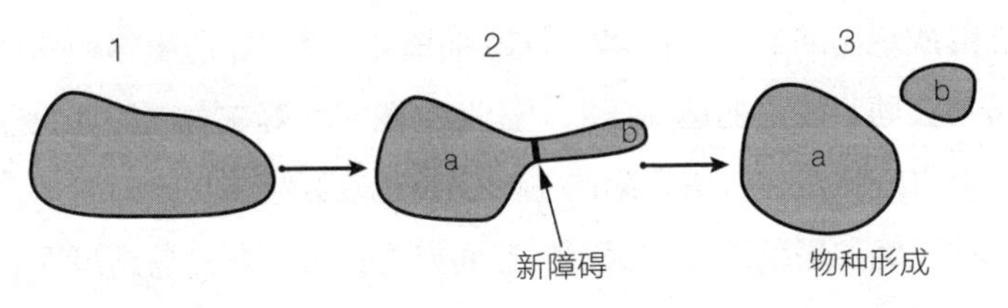

B. 边域成种（主要成种）

P = 亲本物种
= 灭绝的奠基种群
= 形成新的物种
= 与亲本物种再次融合

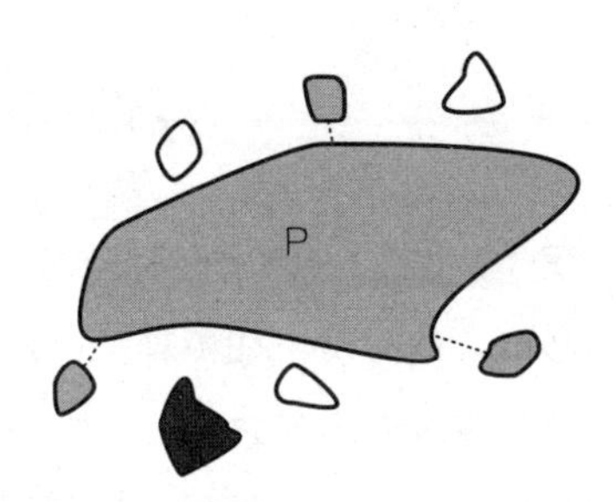

图 9-2 异域物种形成的两种形式

边域成种

边域成种的隔离是由于在一个物种现有范围的外围建立了一个奠基种群（见图 9-2）。由于不适宜的地形，奠基种群与该物种的主体隔离开来，可以独立进化。

边域成种的重要性在于，奠基种群最初只有一个受精的雌性或几个个体，种群很小，基因也很贫乏。新种群的基因库在统计上与亲本基因库不同，可能有助于基因型的重组，特别是建立新的上位性或形成基因间的相互作用。奠基种群在一个全新的生物和非生物环境中会面临较大的选择压力。因此，奠基种群在潜在的理想情况下，可以发生进化，进入新的生态位和适应区域。与此同时，它们在物种灭绝和基因流动的保守性方面显得异常脆弱。隔离过程必须基本完成，才能产生新物种（见第 10 章）。

其他物种形成

在 19 世纪 50 年代，达尔文提出了一个基于生态分化的物种形成方案。他假设，如果种群中的不同个体获得了不同的生态位偏好，那么经过许多代之后，它们就会变成不同的物种。这种物种形成没有地理隔离，是同域物种形成。在接下来的 80 年里，这是最被广泛接受的物种形成理论。但是这个理论并没有被任何仔细研究过的哺乳动物、鸟类、蝴蝶和甲虫的物种形成案例所证实。在我 1942 年出版的《系统学和物种起源》中，我指出，在这些类群中，地理隔离是物种形成的唯一机制，而没有一个同域物种形成的案例。

同域物种形成

然而，异域物种形成只出现在哺乳动物和鸟类中，并不能否定其他生物类群中同域物种形成的可能性。专门研究寄主特异化昆虫的昆虫学家一直坚持这一点，并为以下情景提供了证据。一种特异性寄主植物 A 上的昆虫的个体可能会定植到植物 B 上。如果殖民者的交配被限制在其生活的植物上，那么植物 B 上的殖民者可能只与植物 B 上的其他个体交配，并可能逐渐获得适当的隔离机制，这种物种形成通常是通过植物 A 上的昆虫在植物 B 上持续定植，以及植物 B 上的昆虫对植物 A 的反向定植来阻止的。然而，有证据表明，在某些情况下，植物 B 上的殖民者可能会偏好只与生活在植物 B 上的个体交配。这种配偶偏好，就像植物 A 上的亲本种群和植物 B 上的殖民者之间的一道屏障。随着时间的推移，将导致殖民者在植物 B 上的同域物种形成。

此外，淡水鱼在一个相当孤立的水体中出现两个或两个以上亲缘关系很近的物种时，这种情况最好的解释是同域物种形成。例如，在喀麦隆的一些小型火山口湖中共存着两种或两种以上相似的慈鲷鱼类，它们彼此之间的相似性要比与从湖泊流出的河流中的亲代慈鲷鱼类的相似性多得多。同域物种形成发生在这种鱼和其他类似案例的鱼类身上的机制是，雌性偏好某一栖息地和具有相同栖息地偏好的雄性。这种同时偏好在美洲的慈鲷中没有发现。通过同时获得配偶偏好（性选择）和生态位偏好形成同域物种已经在几个淡水鱼科中被证实。两个雏形种之间的杂交可能比亲本物种适应性更差。这些例子支持了华莱士－多布赞斯基的杂交形成物种理论。这一证据极有可能表明，同域物种形成也发生在寄主特异化昆虫中，同样基于对生态位和配偶的同时偏好。然而，这并不排除新寄主特异性物种的进化也可能发生在奠基种群的异域物种形成中。

瞬时物种形成

通过各种各样的染色体交换过程，可以产生与亲本物种个体瞬间生殖隔离的个体。例如，在植物中，不育的杂交种 AB（一组染色体源于植物 A，另一组源于植物 B）的染色体加倍，从而恢复减数分裂和配子产生（AABB）是很常见的。新的多倍体现在是一个可存活的物种（见图 5-2）。通过进一步杂交和染色体加倍，可以产生整个系列的多倍体。相反，在一些动物（不包括哺乳动物和鸟类）身上发生的情况是，一个不育物种的杂交个体转变为孤雌生殖和无性繁殖。鱼类、两栖动物和爬行动物都有这种情况。同样，就像多倍体的情况一样，这种非地理上的物种形成似乎是相当罕见的，很可能是步入进化的死胡同。对于低等动物的繁殖和物种形成，我们所知甚少，无法说明非地理上的物种形成在这些群体中有多广泛。

邻域物种形成

根据一些进化论者的观点，一个连续的种群可以沿着生态断层分裂成两个独立的物种。这个被大多数进化论者拒绝的理论是建立在对所谓杂交带的观察之上的。这些地区是两个截然不同的种群

（物种）相遇和杂交的地方。对这类杂交带较为广泛接受的解释是，它们是两个以前被隔离的雏形种在过去相遇的区域，尽管在以前的隔离中获得了许多差异，但尚未获得完全有效的隔离机制。

这些情况达尔文已经知道了。他和华莱士有一个未解决的争论，即自然选择是否能将一个杂交带转变成两个完整的物种。华莱士的回答是肯定的，杜布赞斯基和其他现代进化论者也持同样的观点；而达尔文的回答是否定的，缪勒和我也持同样的观点。现在已知的一些案例似乎支持华莱士的理论。通常，杂交带像一个水池，在这个水池中较差的和部分不育的杂种会被稳步淘汰，并被两个亲本种的邻近种群迁入并取代。这种迁移阻止了具有改良隔离机制的两个物种 / 个体之间平衡中间体的选择。

杂交物种形成

迄今为止被严格记录的极少数案例（8 例）表明，两种植物的杂交有极小可能产生非多倍体的新物种。它们大多起源于小型或边缘种群。到目前为止，在动物中还没有发现类似的案例，但同域物种之间的一些基因交换（渐渗杂交）在某些群体中并不少见，如鱼类和两栖动物，特别是在栖息地被人类活动彻底改变的地方。植物化石表明，两个物种之间的渐渗杂交可能发生数百万年而不影响所涉及物种的独特性。

距离物种形成（环形重叠）

在相当多的已知案例中，一些种群呈链状环形分布，导致这条链首尾重叠。这样一来，链两端的种群基因差异巨大，以至于它们之间不会杂交，也就不足为奇了。换句话说，它们表现得像两个不同的物种。这种情况并不与达尔文进化论的任何原则相冲突。然而，它们显然在分类学上造成了一个问题。尽管它的首尾重叠，但这样的种群链应该被认为是一个单独的物种，还是应该被分成两个（或更多个）物种？许多新信息支持后者。该信息来自对整个链的细粒度分析。分析表明，这条链看起来是连续的，但实际上有一些断裂或以前隔离状态的残余。当这些被认为是物种边界时，“链”由几个物种组成，不再有任何同种的两个种群。两个经过充分分析的案例是银鸥（*Larus argentatus*）和剑螈（*Ensatina*）。

两个雏形种之间的遗传隔离是如何获得的

很明显，隔离机制必须相当有效，两个雏形种才能相遇并共存，只进行最低限度的杂交繁殖。但是，当这些种群在地理上彼此隔离时，自然选择是如何选择这种机制的呢？人们通常会提到三种可能的途径，但在这一领域尚未达成完全的共识，可能是在不同的情况下使用了不同的途径。

第一，被隔离的种群产生的隔离机制，是该种群与亲本种群的其他差异，特别是生态差异的副产品。

第二，这种差异在孤立种群中是随机产生的，这一现象在孤立种群之间的染色体差异中得到了很好的证明。在寄主特异化的植食昆虫和寄生虫中，一个新的寄主可能是偶然获得的，因此为新物种提供了一个隔离机制。

第三，通过性选择获得的特征功能发生改变（见第 10 章）。当两个不同的种群发生次要接触时，鱼类某些属的雄性所获得的与性选择有关的特定颜色特征可能成为行为隔离机制。

有一段时间，特别是当人们认为突变会产生新的物种时，人们进行了很多关于物种形成的遗传学和物种形成基因的研究。现在我们知道，这不是观察物种形成的最佳方式。生物学物种的定义明确了“物种形成”意味着获得有效的隔离机制。反过来说，物种形成的遗传学就是隔离机制的遗传学，而且是极其多样化的，因为各种隔离机制的遗传基础是极其多样化的。我不知道任何具体物种形成实例中涉及的基因的详细分析，但有迹象表明，如某些慈鲷鱼类，行为隔离可能仅由少数基因控制。相反，当整个染色体控制生殖隔离时，可能涉及大量的基因。而且，由于存在如此多种不同的隔离机制，物种形成过程中一定涉及多种不同的基因和染色体。目前我们还不清楚调控基因在物种形成过程中所起的作用。

什么决定了物种形成的速度

长期以来，人们一直认为物种形成的速度是由突变压力控制的。然而，几乎没有证据支持这种说法。相反，物种形成的速度显然主要由生态因素决定。当一个物种的分布范围被地理和生态屏障所分割，并且在这个物种中存在非常有限的基因流动时，物种形成将会非常迅速和频繁。在岛屿地区或具有岛型分布格局的陆地地区，将会有许多活跃的物种形成事件；而在大陆地区则几乎不会有物种形成事件。这是一个值得进一步研究的课题。我们对某些鸟类和哺乳动物的物种形成进行了分析，但获得的关于动植物种群在各种环境下的物种形成速度的信息却很少。最明显的概括是，在其他条件相同的情况下，种群之间的基因流动越少，物种形成就会越快。

然而，环境只是其中一个因素。有一些生物物种形成很少或很慢，到目前为止，我们还没有找到生态学上的解释，其中就包括所谓的活化石。在北美东部有许多种植物（包括臭菘），它们的种群也在东亚的某个地区被发现了。这些分布在两个不同大陆上的种群不仅在形态上无法区分，而且显然也可以互相交叉繁殖，但是它们彼此已隔离了 600 万～ 800 万年。美国植物学家阿萨·格雷（Asa Gray）曾提请达尔文注意这一事实。另一个极端案例是慈鲷鱼。例如，东非的维多利亚湖迄今已有 400 多种特有的慈鲷，尽管该湖盆地在 1.2 万年前还是非常干燥的。鉴于这个湖里所有慈鲷物种之间的亲缘关系比它们与从维多利亚湖流出的河流中的慈鲷鱼之间的亲缘关系更密切，它们一定是在过去的 1.2 万年里出现的。可惜的是，由于尼罗河鲈鱼这种大型掠食性物种的入侵，奇特的慈鲷动物群最近灭绝了。

基于化石记录来计算物种形成的平均速度容易导致对物种形成速度的估计不准确，因为在这一记录中，分布广泛的物种被大大高估了，它们的寿命通常很长，因此物种形成的速率很低。在化石记录中遇到快速形成的本地物种的概率很低。考虑到物种形成速度的巨大范围，物种形成平均速度是否有意义是相当值得怀疑的。

10　宏观进化

在回顾进化现象时，我们发现它们可以很容易地分为两类。一类包括所有发生在物种或物种以下水平的事件和过程，如种群的变异、种群的适应性变化、地理变异和物种形成。在这一层次上，我们几乎只关注种群现象。这类现象可以称为微观进化。第 5 章到第 9 章对此进行了分析。另一类指发生在物种以上水平的进化过程，特别是新的高级分类单元的起源、新的适应区域的侵入以及与其相关的新特征的出现，比如鸟类的翅膀或四足动物对陆地的适应或鸟类和哺乳动物的温血特征。第二类进化现象又被称为宏观进化。

宏观进化是进化研究的一个独立领域。在我们对这一领域的理解上，早期的进步是由古生物学家和系统学家推动的。但近年来，分子生物学为我们理解宏观进化的变化做出了最重要的贡献，并取得了惊人的进展。

从达尔文时代到现在，关于宏观进化一直存在着激烈的争论。达尔文及其追随者认为宏观进化只是微观进化的完整延续。他的反对者则声称，宏观进化与微观进化无关，必须用不同的理论来解释。根据后一观点，在物种水平和更高的分类单元之间存在着一定的间断。

这个争议尚未完全解决的原因是，理论和观察之间似乎存在着惊人的冲突。根据达尔文的理论，进化是一种种群现象，因此应该是渐进和连续的。这不仅适用于微观进化，也适用于宏观进化以及两者之间的过渡阶段。但这似乎与人们的观察相冲突。无论我们在哪里观察现存的生物群，无论是在高级分类单元上，还是在物种水平上，间断现象都是极其频繁的。在现存的分类单元中，鲸类和陆生哺乳动物之间，爬行动物和鸟类或哺乳动物之间都没有中间过渡阶段。所有 30 个动物门都被一个间断隔开。在开花植物（被子植物）和它们最近的近亲之间也似乎存在较大程度的间断。这种间断在化石记录中更为显著。新物种通常是突然出现在化石记录中，而不是通过一系列中间物种与它们的祖先联系在一起的。事实上，物种连续不断地逐渐进化的案例相当少见。

如何解释这种表面上的矛盾呢？乍一看，我们似乎没有办法用微观进化理论来解释宏观进化现象。但是，是否有可能将微观进化过程扩展为宏观进化过程呢？此外，我们是否可以证明宏观进化理论和规律与微观进化的发现完全一致呢？

在进化综合过程中，许多研究者，特别是 B. 伦施（B. Rensch）和辛普森，都证明了这种解释的可能性。他们在不分析任何基因频率相关变化的情况下，成功地提出了关于宏观进化的达尔文式概括。这个概括与现代进化论的定义是一致的，即进化是适应性和多样性的变化，而不是还原论者所提出的基因频率的变化。简而言之，为了证明宏观进化和微观进化之间存在着一种连续性，达尔文主义者必须证明，看似非常不同的“模式”只不过是一系列连续进化种群的终点。

进化的渐进性

必须强调的是，所有宏观进化过程都发生在种群和个体的基因型中，因此微观进化也同时发生。每当我们研究现生种群的进化变化时，我们都会观察到这种渐进性，这方面的例子有细菌的耐药性。当青霉素在 20 世纪 40 年代被首次使用时，它对很多细菌都有惊人的疗效。任何感染，比如链球菌或螺旋体感染，使用青霉素几乎都可以立即治愈。然而，细菌的基因是可变的，最易感染的细菌死亡最快。一些通过突变基因获得更强抵抗力的细菌存活时间更长，还有一些在治疗停止后仍然存活了下来。通过这种方式，在人群中出现一些耐药菌株的频率逐渐增加。与此同时，新的突变和基因转移的发生使细菌产生了更强的抗性。尽管使用了更大剂量的青霉素，治疗期也延长了，但这种无意中产生更强耐药性的过程仍在继续。最后，一些完全耐药的菌株进化了。因此，通过逐渐的进化，一种极为易感的细菌进化成了一种完全耐药的细菌。在医学和农业（针对农药耐药性）文献中，已经报道了数百起类似的案例。

渐进的进化随处可见，尽管它们受到了人工选择的影响，人类家养动物和栽培植物的历史就是一个渐进进化的故事。此外，有研究者还发现了富含化石的地质暴露区，在那里，人们可以追踪一系列逐渐变化的、不间断的化石，这些化石表明了随着时间的推移物种逐渐发生变化的过程。

更令人信服的是对地理物种形成的研究（见第 9 章），在该研究中，我们可以了解到不同的物种是如何通过种群逐渐分化形成的。大量的证据表明，即使是属的进化也是渐进的。所有这些都完全符合达尔文的理论。但这不可避免地提出了一个问题：为什么这种渐进性没有在化石记录中充分反映出来？

达尔文已经有了答案，而且事实证明它是正确的。他说，化石记录中看似存在的间断，是化石保存和发掘的偶然性造成的假象。他假设，现有的化石记录是一种不完整的采样，而正是这种不完整导致了一个实际上持续发展的生物群表面上存在间断。最近的研究都证实了达尔文的结论。此外，两个不正确的假设也加剧了理解进化的渐进性的困难。

分裂和出芽

第一个假设是，进化是由谱系的分裂组成的，这两个谱系随后以相似的速度彼此分化。观察研究和物种进化理论表明，这种假设不一定是正确的。不可否认，这种由两个物种形成的谱系分裂确实发生过。然而，更常见的情况是，一个新的谱系从亲本谱系中分离，并进入一个新的适应区，在这个适应区中，新的谱系迅速进化，而亲本谱系则留在原来的环境中，继续以之前缓慢的变化速度进化。

举个例子，让我们假设，通向鸟类的这条线是从祖龙的一个谱系中分离出来的。这种新的鸟类谱系，面对空中生活方式的强大选择压力，变化非常迅速，而其亲代祖龙谱系则基本没有改变。几乎所有主要分类单元的化石记录都表明了这是一种常见的进化模式，但在理论讨论中却经常被忽视。与亲本谱系的缓慢变化相比，衍生谱系的迅速变化无疑将通过化石记录中的一段间断反映出来，这段间断代表了从祖先环境到新的适应区的快速转换时期。值得注意的是，很少有古生物学家充分考虑到这一事实，即大多数新的进化谱系是通过出芽而不是分裂产生的。出芽通常简单地通过歧域成种来实现，而同域物种形成通常也是一个出芽过程。

大多数研究宏观进化的学者持有的第二个错误假设是，进化完全是时间维度上的线性过程。当他们在一个线性化石序列中发现了一个看似间断的地方时，他们会假设要么发生了骤变，要么是在短时间内以令人难以置信的速度发生了加速进化。这些假设既不符合综合进化论，也没有可靠的证据支持。那么如何解释这些不同的差异呢？如何解释这种间断？

间断

由于“间断”一词的两种易混淆含义，对进化的更清晰的理解被拖延了很长时间。我们必须区分表型间断和分类间断。同一分类单元内个体的离散差异是表型间断。比如一个哺乳动物类群的不同成员有两个或三个臼齿，或者一个鸟类类群的成员有 12 或 14 根尾羽，这就是表型间断。如果相同的差异将两个物种分类单元区分开来，则为分类间断。两个分类单元之间的任何离散的差异，不管其分类学标准如何，都是分类间断。

一些模式思维的进化论者得出了错误的结论，认为表型间断会在一个单一的步骤中导致分类间断。在现实中，一个新的表型间断只是丰富了一个分类单元的变异，产生多态性，并且它需要一个漫长的选择过程来将一个表型间断转化为两个类群之间的间断。但是，种群内个体的变异是在何时何地转化为分类差异的呢？

成种进化

这个问题被研究生物物种形成的学者解决了。研究表明，在一定的时间水平上，物种分类单元不仅具有时间的线性维度，而且具有经纬度的地理维度。因此，它们在时间和空间上都受到严格的限制。可以说，每一个物种在各个方面都被一个间断包围着。然而，它与它起源的亲本物种和它所产生的子代物种有着完全的连续性。此外，大多数动物物种并不是仅由一个或多或少连续分布的单一种群组成，而是由许多本地种群组成的多型种。其中许多种群，特别是在物种的边缘范围，彼此之间或多或少有些隔离。这催生了成种进化理论。

根据该理论，建立在一个连续分布物种范围之外的孤立奠基种群可能会或多或少地经历重大基因重组。这一现象以及新种群随后的近亲繁殖可能产生一些不同以往的新基因型和新的上位平衡。大的种群显然比小的、基因型少的种群更不活跃，更难打破多重上位效应的影响。小种群受到的限制更少，能够更大程度地打破祖先的束缚。这已经被不同大小果蝇种群的实验证明（见图 6-4）。与此同时，由于新环境的新颖性，奠基种群面临着新的、更大的选择压力。最终，这个种群可能会迅速演变为一个完全不同的物种（见第 9 章）。这一理论是由几个植物学家独立提出的。这样一个局部的、孤立的种群，以及经由边域成种产生的新物种，在化石记录中被发现的概率是非常小的。尽管种群在成种进化过程中是连续的，但在稀少的化石记录中，它仍作为一个骤变出现，并被这样描述。这显然是一种误解，因为物种进化的每一步都是一个渐进的种群过程。

埃尔德雷奇（Eldredge）和古尔德（Gould）将这个过程称为“间断平衡进化”。他们指出，如果这样一个新物种成功地适应了一个新的生态位或适应区，它可能会在随后的几十万年甚至几百万年里保持不变。这样广泛分布的物种的停滞在化石记录中经常能被观察到。

成种进化有多重要

成种进化理论并不是形而上的研究，而是严格建立在实际观察的基础上的。在研究一种鸟类的一系列外围隔离种群时，我注意到，最外围的种群，即连续迁移的产物，通常是差异最大的。H. L. 卡森（H. L. Carson）、K. V. 卡涅西罗（K. V. Kananeshiro）和 A. R. 坦普尔顿（A. R. Templeton）对夏威夷果蝇种类的研究充分证实了这一观察结果。结果表明，在不同岛屿或同一岛屿上的不同山脉的定殖可能会催生一个形态完全不同的新物种。即使是在一个像果蝇属这样具有稳定形态的属中也是如此。

大多数外围分离种群与亲本种群几乎没有区别。它们的寿命有限，要么灭绝，要么再次与亲本物种融合。然而，如果我们在一个物种中发现某个有点异常的种群，它几乎总是一个遥远的边缘隔离种群，这种成种进化的过程也被称为“瓶颈进化”。它也可能发生在暂时高度孤立的种群和孑遗种群中。

新物种要想真正成功，就必须能够与更大、更多样化的物种竞争。分布研究表明，马来西亚和波利尼西亚的高度孤立的岛屿物种无法入侵西方分布范围更广泛的其他物种。为了在与亲本物种和姊妹种的竞争中取得成功，这样的奠基种群必须扩大规模，变得更加多样化。这种发展对更新世避难所的孑遗种而言是可能的，在条件改变后，它们可以再次扩大范围。

进化的变化速度

物理过程的速率，如化学反应或放射性衰变，往往是恒定的。我们研究进化的变化速度时，发现进化与物理或化学过程截然不同。进化论者辛普森和伦施一直特别强调要注意进化速度的巨大差异。

第 9 章描述了物种形成率的高度变异性，同样可变的是线性谱系中简单进化变化的速度。一个极端案例是，我们发现了所谓的活化石——在一亿多年里没有明显变化的某些动植物物种。动物中包括美洲鲎属 *Limulus*（三叠纪）、恐龙虾属 *Triops* 和舌形贝属 *Lingula*（志留纪）。我们在植物中也发现了同样长寿的属：银杏属 *Gingko*（可追溯到侏罗纪）、南洋杉属 *Araucaria*（可能是三叠纪）、木贼属 *Equisetum*（二叠纪中期）和苏铁属 *Cycas*（二叠纪末）。

一个进化谱系完全停滞或停滞长达数百万年，甚至数亿年，是非常令人费解的。怎么解释呢？就活化石物种而言，一亿或两亿年前与它相关的所有物种，要么发生了巨大的变化，要么已经灭绝。为什么这个物种可以在表型没有任何变化的情况下继续繁荣发展？一些遗传学家认为他们找到了答案——正常化选择，即剔除所有偏离最佳基因型的偏差。然而，正常化选择在快速进化的谱系中同样活跃。要解释为什么潜在的基本基因型在活化石物种和其他缓慢进化的谱系中如此成功，我们需要比目前已有的理论更好的解释。

不仅物种和属的进化变化速度不同，整个高级分类单元的进化变化速度也不同。例如，古生物学家已经证明，哺乳动物随时间的变化比双壳类软体动物要快得多。在某种程度上，这种差异可能是分类学方法造成的。双壳类动物的壳与哺乳动物的骨架相比，前者的分类特征更少，这阻碍了双壳类动物更细粒度的划分。然而，即使在进化最迅速的动物谱系中，每百万年的进化变化通常也小得惊人。

当然，相反的情况我们也很熟悉，即非常迅速的进化变化。这包括人类病原体对抗生素的抗药性、农作物害虫对杀虫剂的抗药性。生活在由恶性疟原虫 *Plasmodium falciparum* 引发的疟疾流行地区的人们很可能已经积累了镰状细胞基因和其他血液基因，在不到 100 代的时间内获得了对这种疟原虫的部分抗性。

一个线性谱系可能经历时快时慢的变化过程。这一现象的一个著名例证就是肺鱼的进化。这类鱼的主要结构重建经历了大约 7 500 万年，但在随后的 2.5 亿年里几乎没有发生进一步的变化（见图 10-1）。

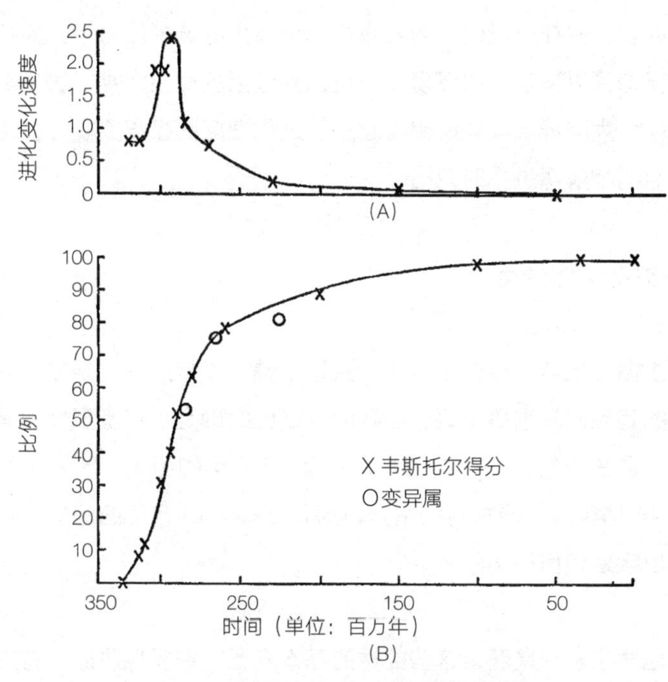

图 10-1　肺鱼起源后肺鱼特征的获得率

注：（A）肺鱼新特征的进化速度。（B）肺鱼身体特征向现代演化的比例。新分类单元的大部分身体结构重建发生在它进化历程的前 20%。图片来源：Simpson, George G. (1953）.*The Major Features of Evolution, Columbia Biological Series* No. 17, Columbia University Press: NY.

年轻的和成熟的高级类群的进化变化速度有很大的差异，这实际上是一种规律。蝙蝠在几百万年的时间里从一种食虫动物祖先进化而来，但在随后的 4 000 万年里，身体的基本结构几乎没有改变。就地质时间而言，与随后的新结构模式的基本停滞相比，鲸类的起源发生得非常迅速。在所有的案例中，旧谱系转移到一个新的适应区域，并在一段时间内暴露在非常强大的选择压力下，被迫进化为新谱系以适应新的环境。一旦达到适当的适应水平，进化变化速度就大大降低。某些研究者忽略了进化速度的极端变异性，这导致了他们在解释进化时犯错。

如何测量进化速度

生命在地球上存在了多久一直是个谜，真核生物、脊椎动物或昆虫的起源时间也是个谜。但我们现在已经确定了许多事件的具体时间：最古老的化石（细菌）大约有 35 亿年的历史，寒武纪开始于 5.44 亿年前，最古老的南方古猿化石有 440 万年的历史。那么这些数字是如何得出的？

地质学研究是获得这些数据的基本来源。许多地质层，特别是火山灰层或火成岩层，都含有放射性矿物，这些矿物的年龄可以通过测量它们的放射性衰变来确定（见进化讲堂 2-1）。现在有几种方法可以做到这一点，而且最新的方法准确性非常高。

有一种独特的方法可用来确定两个现存物种的共同祖先的发生时间：分子溯源法。它基于这样一种观察：所有的基因（分子）随着时间匀速变化，而来自同一祖先的两个谱系随着时间的推移变得越来越不同。借助地质方法确定共同祖先化石的年龄，就可以准确地确定分子变化的平均速度（使用分子钟）。这种方法的可靠性取决于分子变化的稳定性。但是分子钟速度一点也不规律，要得到合理可靠的结果，就必须测试不同的分子材料。非编码基因通常比那些由于选择而发生变化的基因更可取。推断哺乳动物和鸟类的高级分类单元（科和目）的起源时间，能很好地说明这些困难。它们最古老的化石一般发现于 5 000 万到 7 000 万年前，即使有更早时期的化石沉积，我们也没有在这一关键时期有所发现。根据分子证据，这些分类单元一定在一亿多年前的白垩纪早期就已经起源了。造成这种差异的原因仍有争议。分子钟改变了它的速度吗？

进化讲堂 10-1
What Evolution Is

年龄测定溯源法

分子钟假说认为，对于所有的进化谱系来说，随着时间的推移，进化变化的速度相对恒定。更具体地说，不是所有分子和进化谱系都有一个整体的通用进化速度，而是每个分子、DNA 或蛋白质，都有一个特定的进化速度。如果大多数突变在其选择上是中性或几乎中性的，如果这种突变的速度没有随着时间的推移而改变，那么一个特定分子的进化速度随着时间的推移是几乎恒定的，这样我们就可以估算出进化谱系的年龄。然而，由于各种原因，一些谱系已经被证明比其他谱系的进化速度更快（如啮齿动物和灵长类动物）。撇开这个和其他限制不提，如果分子以恒定的速度进化，它们就可以被看作“时间守护者”，用来计算“谱系特异性”的分化时间，并估计两个物种最近的共同祖先的年龄。

以这种方式应用分子钟需要校准它的变化频率。这可以通过几种方法来实现。比如化石记录（记住，化石的首次发现总是对这个谱系年龄的最小估计），或者通过主要的地理隔离事件，比如板块运动。例如，一旦同源基因 A 在两个物种中被测序，通过预先校准的该基因的进化速率（假设每百万年 2%），知道这两个物种之间基因 A 的 DNA 序列的百分比差异，就可以计算出它们最近的共同祖先的年龄。在这个例子中，如果两个物种的基因 A 的 DNA 序列相差 10%，那么这两个物种最近的共同祖先应该生活在大约 250 万年前。这两个谱系花了这么长时间才以每百万年 2% 的速度分化，积累了 10% 的基因 A 的差异。

中性进化

分子遗传学发现，突变经常发生，其中新的等位基因产生的适应性表型没有变化。木村资生将这种突变的发生称为中性进化，其他人则将其称为非达尔文进化。这两个术语都具有误导性。进化涉及的是个体和种群的适应性，而不是基因。当一个受到选择青睐的基因型，携带着一些新出现的、严格中性的等位基因时，它对进化没有影响。这可能被称为进化的“噪音”，但它不是进化。然而，木村资生指出，基因型的大部分分子变异都是中性突变，这是正确的。由于对表型没有影响，它们对选择是免疫的。

物种更替和灭绝

古生物学家沉迷于观察生物群从一个地质时期到下一个地质时期的稳定变化。新的物种被添加到生物群中，而旧的物种因为灭绝而消失。在任何给定的时间跨度内，灭绝物种的数量通常相对较少，但这种灭绝并不总是以相同的速度进行的。这种正常灭绝从生命起源开始就一直在进行。因为每个基因型似乎都有其应对能力的限制，而这种限制在某些环境变化下可能是致命的，特别是突然的环境变化。例如，当气候变化或新的竞争者、捕食者或病原体突然出现时，所需的突变可能并没有出现。当一个种群不能再繁殖出足够的后代来弥补自然原因造成的损失时，它将会灭绝。没有任何生物是完美的，事实上，正如达尔文强调过的，一个生物体只要足够优秀，就能成功地与当前的竞争者竞争。当突发事件出现时，如果物种没有足够的时间来进行充分的基因重组，结果就是灭绝。单个物种的持续灭绝几乎都是由生物原因造成的。此外，一般来说，一个物种的种群规模越小，它就越容易灭绝。但偶尔也有一小部分种群似乎对灭绝具有明显的抵抗力。

真实的灭绝不应与假灭绝相混淆。假灭绝有时会被古生物学家用于表示一个物种进化成另一个物种，然后被赋予一个新名称。这样，这个祖先的名字就从动物物种名单上消失了。然而，涉及这个名字的生物实体并没有灭绝，它的消失只是由于更名。

在某些情况下，地球环境并没有明显变化，但一个主要类群却衰落并灭绝了。三叶虫的灭绝也许就是这种情况。由于找不到更好的答案，古生物学家们提出，它们在与新进化的“生理上更优越”的双壳类动物的竞争中屈服了。这一理论看似合理，但迄今为止支持它的证据似乎严重不足。事实上，一些古生物学家现在把三叶虫的灭绝归因于气候事件。

竞争

一个物种的种群所需的一种或几种资源的供应可能是有限的。在这种情况下，种群中的个体可能会相互竞争（种内竞争）。种内竞争是生存竞争的一部分。它可能只包括对有限资源的再分配或竞争对手彼此之间的实际干扰。此外，生态学文献描述了许多不同物种之间竞争的例子。这不仅涉及相似的物种，还涉及美国西南部沙漠中蚂蚁和小型啮齿动物之间对种子的竞争。如果两个物种之间竞争太激烈，其中一个就会被淘汰。这种情况展示了竞争排斥原则，即当两个或两个以上的竞争物种使用完全相同的资源时，它们不能无限期地共存。文献曾报道过一些案例，两个共存的竞争物种之间没有发现在资源利用方面的任何差异，这种差异可能是相当微妙的。但这种情况相当罕见。通常，竞争是种群个体所面临的选择压力的主要组成部分。两个物种之间对有限资源的竞争似乎往往是其中一个物种灭绝的原因。

生物大灭绝

与单个物种的持续灭绝截然不同的是所谓的生物大灭绝，在此期间，在地质时间尺度上，很大一部分生物群在很短的时间内灭绝。生物大灭绝是由物理原因造成的，其中最著名的是白垩纪末期的一次灭绝，它导致了包括恐龙和许多其他海洋和陆地生物的灭绝。很长一段时间以来，是什么原因导致了这场灾难性的灭绝一直是个谜，但正如沃尔特·阿尔瓦雷兹（Walter Alvarez）所提出的，最好的解释是 6 500 万年前一颗小行星对地球的撞击。这颗小行星的撞击坑位于中美洲的尤卡坦半岛的尖端。这次撞击产生的巨大尘埃云导致陆地温度急剧下降，还带来了很多其他不利条件，导致当时存在的很大一部分生物灭绝。虽然爬行动物中的恐龙灭绝了，但其他爬行动物，如海龟、鳄鱼、蜥蜴和蛇都幸存了下来。在古新世和始新世，一些不起眼的、可能是夜间活动的哺乳动物也存活下来，经历了壮观的辐射，又新产生了现存的哺乳动物的所有目和许多科。白垩纪鸟类中为数不多的幸存者似乎在第三纪的前 2 000 万年间经历过类似的爆炸性辐射。

自地球上的生命自起源以来，还发生过几次生物大灭绝，但那些发生在动物（后生动物）起源之后的生物大灭绝被更好地记录了下来（见表 10-1）。这些生物大灭绝中最严重的一次，显然比阿尔瓦雷兹提出的更具灾难性，它发生在二叠纪末期，估计导致当时 95% 的物种灭绝。它显然不是由小行星撞击造成的，而是由气候变化或大气层的化学成分变化引起的。另外还有三次大灭绝（分别发生在三叠纪、泥盆纪和奥陶纪），有 76% ～ 85% 的物种灭绝。我们现在正生活在人类通过破坏栖息地和污染环境而导致另一次生物大灭绝的时代。

表 10-1　生物大灭绝

灭绝事件	年龄 ($\times 10^6$ 年)	家庭（%）	属（%）	种（%）
晚始新世	35.4	------	15	35 +/-8
白垩纪末期	65.0	16	47	76 +/-5
晚白垩世早期（森诺曼阶）	90.4	------	26	53 +/-7
晚侏罗世	145.6	------	21	45 +/-7.5
早侏罗世（普林斯巴阶）	187.0	------	26	53 +/-7
三叠纪末期	208.0	22	53	80 +/-4
二叠纪末期	245.0	51	82	95 +/-2
晚泥盆世	367.0	22	57	83 +/-4
奥陶纪末期	439.0	26	60	85 +/-3

一些特定的生物群体中也发生过小规模的生物大灭绝。在上新世（约 600 万年前）的干旱时期，北美较软嫩的碳三植物被粗糙的碳四植物所取代，后者的二氧化硅含量是前者的 3 倍。这导致食叶马中除了有高冠齿的马以外，其他物种都灭绝了。

大约一万年前，包括澳大利亚在内的各个大陆上的许多大型哺乳动物在更新世灭绝，这似乎与一个气候恶化时期相吻合，但也与第一批高效的人类捕猎者的出现相吻合。可能这两个因素共同导致了那些物种的灭绝。人类是许多岛屿（夏威夷、新西兰、马达加斯加和其他岛屿）动物群灭绝的原因，这是有充分证据的。

当然，自然选择并不能防止生物大灭绝。事实上，物种在这种大灭绝事件中成功存活下来有相当大的偶然因素。例如，谁能在白垩纪初期预测到恐龙这一当时最成功的脊椎动物，这一占据如此多样的生态位的类群，会在 6 000 万年后的阿尔瓦雷兹事件中完全灭绝呢？白垩纪末期的那次生物大灭绝也灭绝了其他许多占统治地位的海洋生物类群，如大多数鹦鹉螺和菊石，它们之前都是非常成功的生物。再多的自然选择也无法使它们产生在大灭绝中得以生存的基因型。

正常灭绝和生物大灭绝在很多方面有很大的不同。正常灭绝以生物原因和自然选择为主，而生物大灭绝以物理因素和偶然因素为主。正常灭绝涉及物种，大规模灭绝涉及整个高级分类单元。然而，某些高级分类单元比其他分类单元更容易发生大规模灭绝。在任何关于灭绝的统计分析中，都不应把这两种灭绝混为一谈。

主要的转换

尽管宏观进化是渐进的，但它具有许多重要的创造性特征，许多作者认为这些创造性特征代表了生命世界发展的决定性步骤。宏观进化从生命起源和原核生物产生所涉及的推断的转换时期开始。生命从原核生物进化到各种动物和植物的过程包含无数这样的转换事件，例如真核生物的出现（核膜包被的细胞核、染色体、有丝分裂、减数分裂、性别）、细胞器共生、多细胞生物、原肠胚形成、细胞分裂、特异化器官、改进的感觉器官、中枢神经系统的完善、亲代抚育、文化群体。所有这些步骤似乎都促成了它们所处的线性谱系的适应性。

进化新结构的起源

达尔文的一些批评者承认，现有的结构可以通过使用、废弃或自然选择来改进，但这样的过程如何能产生一个全新的结构呢？例如，他们会问：“如何用自然选择来解释鸟类翅膀的起源？”他们说，小翅膀没有选择优势，对飞行毫无用处。自然选择只有在一个已经发挥功能的结构存在时才起作用。事实上，这种说法只对了一半，因为一个已经存在的结构，可以呈现一种额外的功能，通过行为的转变，最终把原来的结构修改为一个进化的新结构。有两种不同的途径可以获得进化新结构：功能强化或采用全新功能。

功能强化 在普通的渐进进化中，大多数后代类群仅在量值上不同于它们的祖先。它们可能体型更大，速度更快，颜色更隐蔽，或者有一些其他的增量差异。然而，渐进式进化的最后阶段往往与它们最早的祖先差异巨大，以至于它们似乎代表了一次重大骤变。以哺乳动物的前肢为例：正常情况下，它们适合行走，但鼹鼠和其他地下哺乳动物的前肢适合铲土；一些树栖哺乳动物，如猴子和猿，它们的前肢适应了抓取；在水生哺乳动物身上，前肢变成了鳍；在蝙蝠身上，前肢变成了翅膀。在所有这些案例中，除了最后一个，其他只是放大了生存的潜力。这就是进化论者所说的功能强化。

功能强化最惊人的实例也许是眼睛的进化。达尔文对如此完美的器官是如何逐渐进化的感到困惑，而对生物体的比较形态学研究揭示了答案。眼睛进化过程中最简单、最原始的阶段是一个表皮上的光敏点。这个光敏点从一开始就具有选择优势，任何增强光敏点功能的表型修饰都将受到选择的青睐，包括光敏点周围色素的沉积，以及控制晶状体、主导眼球运动的肌肉和其他附属结构发育的上皮组织增厚，还有最重要的类似视网膜的光敏神经组织的发育。

眼状光敏器官在动物中已经独立发生了至少 40 次，从一个光敏点到脊椎动物、头足类动物和昆虫的精密的眼睛的所有步骤，在各种分类单元的现存物种中仍然可以找到（见图 10-2）。

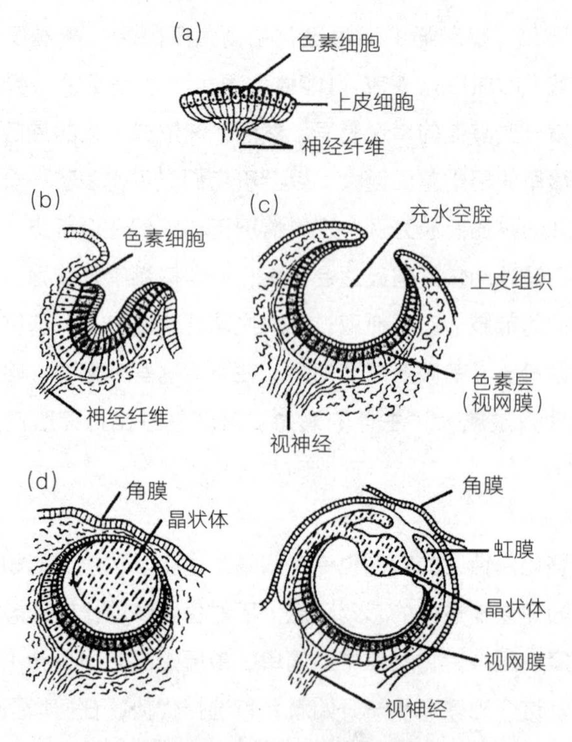

图 10-2　软体动物眼睛的进化

注：(a) 色素斑点；(b) 简单的色素杯；(c) 鲍鱼身上发现的简单视杯；(d) 海蜗牛和章鱼复杂的晶状体眼睛。资料来源：*Evolutionary Analysis* 2nd ed. by Freeman/ Herron, copyright © 1997. Reprinted by permission of Pearson Education, Inc. Upper Saddle River, NJ.

功能强化包括中间阶段，并证明了复杂眼睛的渐进进化完全不可能的说法是错的。大多数无脊椎动物的光敏器官不像脊椎动物、头足动物和昆虫的眼睛那么完美，但它们的起源和随后的进化仍然受到了自然选择的帮助。只要一种变异是优越的，它就会受到青睐，许多微小的优势就会相互加强。

每一个个体与种群其他个体之间都有几十甚至数百个非常微小的差异。有人认为，这些差异太小，不可能受到自然选择的青睐。这一观点忽略了一个事实，即许多微小的优势可以叠加形成一个巨大的优势。这些微小的优势经过世代积累，在进化中发挥着越来越大的作用。例如，一点轻微的色素积累和一个光敏点可能不是特定的选择目标，但它们可能会与同一表型中其他几个同样微小的优势一起被生存所青睐。

在进化树的 40 个分支中，眼睛的起源一直被认为是一个独立的趋同发育。分子生物学现在已经证明，这种说法并不完全正确。最近，人们发现了一种主调控基因（被称为 pax 6），它似乎控制着进化树中各不同分支的眼睛的发育（见第 5 章）。然而，这种基因也出现在那些没有眼睛分类单元的物种中。pax6 显然是一种基本的调节基因，可能涉及神经系统中的一些其他功能。分子生物学已经发现了许多其他的基本调控基因，在某些情况下，它们的存在可以追溯到主要动物门分支之前的时间。当新获得的结构或其他特征有利于生存时，选择就会利用基因型中已经存在的所有可利用的分子。

像眼睛这样的结构可以在截然不同的生物体中独立产生无数次，这在生命世界中并不独特。在光感受器在动物中进化后，生物感光功能在各种生物之间至少独立产生了30次。在大多数情况下，它们基本上都使用了类似的生化机制。近年来，有数十起类似的案例被发现，它们往往利用了从早期祖先那里遗传来的基因型的隐藏潜力。

功能改变　功能强化是获得复杂新器官的唯一途径吗？这个问题的答案是“不”。达尔文、安东·多恩（Anton Dohrn）和A. N. 西韦特佐夫（A. N. Sewertzoff）特别强调：这种器官还有第二种获取途径，即通过现有结构功能的改变来获得新的器官。这种改变要求这个结构能够同时执行旧功能和新功能。例如，原始鸟类的滑翔翼最终也被用来扑翼飞行。有很多进化上的新结构可以用这种方式来解释。水蚤的游泳刚毛起源于触角（感觉器官），现在仍然具有感觉器官的功能，但它们也被用作运动器官。鱼类的肺已经变成了鱼鳔，节肢动物的足也获得了一系列新的功能。在许多情况下，发生的进化更应该被描述为一种新的生态作用而不是一种新的功能。能够采用新功能的结构被称为预适应。预适应是一个纯粹的描述性术语，并不暗示任何目的论的力量。

生物史上所有惊人新结构或新习性的起源，都是由于生态角色的改变。这些改变生动地说明了进化的机会主义。正如雅各布的修补原则所述，任何现有的结构都可能被用于新的目的。

在某些物种形成的情况下，功能的改变也可能发挥作用。特别是在同域物种形成的过程中，性别选择所亲睐的因素承担了行为隔离机制的新角色。

任何功能改变都是一种骤变，但它实际上是一种渐进的种群变化。它最初只影响种群中的一个个体，只有在自然选择的支持下，并逐渐传播到种群中的其他个体，然后传播到该物种的其他种群中，它才具有进化意义。因此，即使是通过功能改变来进化也是一个渐进的过程。

适应辐射

每当一个物种获得了一种新的能力，它就获得了进入自然界不同生态位或适应区的钥匙。羽毛的成功进化和随之而来的飞翔能力帮助爬行动物的一个分支征服了一个巨大的适应区域。因此，鸟类现在大约有 9 800 种，而哺乳动物只有 4 800 种，爬行动物只有 7 150 种。昆虫的结构模式更加成功，已经产生了几百万个物种。然而，鸟类征服水的所有尝试都只取得了微小的成功。世界上大约有 150 种鸭科鸟类，还有少数鹈鹕（20 种）、海雀（21 种）和潜鸟（4 种），而最适应水环境的企鹅只有 15 种——因此，所有鸟类中只有 2% 是水栖的。相当数量的哺乳动物已经成功地变成了食叶动物，但只有少数鸟类，其中最成功的是麝雉，成功地征服了这个生态位。没有一种两栖动物能成功地适应咸水环境。

生命的历史：适应辐射的故事

一个线性谱系成功地在许多不同的生态位和适应区中建立自己的地位，被称为适应辐射。这在大多数高等生物类群中都很明显。爬行动物在不放弃其基本结构的情况下，进化成了鳄鱼、海龟、蜥蜴、蛇、鱼龙和翼龙；哺乳动物进化出了老鼠、猴子、蝙蝠和鲸；鸟类进化出了鹰、鹳、鸣禽、鸵鸟、蜂鸟和企鹅。每一个类群都在自然界中开创了自己的一套生态位，然而，它们在结构模式上与祖先相比并没有任何重大变化。

实际上，生命的提升可以被视为时间维度上的自适应辐射。从分子复制开始，到有膜细胞形成、染色体形成、有核真核生物起源、多细胞生物形成、恒温动物出现，以及高度复杂的大型中枢神经系统的进化，每一个步骤都允许生命利用不同的环境资源，即占用不同的适应区。

差异

生物世界的多样性表现为多种形式。它可以纯粹以数量来表现，如蚂蚁或白蚁的蚁巢，或以一个科的物种数量表现出来，如甲虫中的象鼻虫（也可扩展到整个鞘翅目），当然也可以用巨大的原核生物数量来表现。但多样性也可能表现为差异的程度，即不同生物种类的数量。在这一点上，进化带来了一个真正的惊喜。在后生动物的崛起过程中，人们可能会认为，它们在化石记录中出现后不久，就会分化为一系列相似的目，随着时间的推移，这些目之间的差异会越来越大。然而，事实与这个假设惊人地不一致！当这些后生动物出现在大约 5.5 亿年前的化石中时（毫无疑问，它们当时已经存在了大约 2 亿年），它们有 4 ～ 7 种奇特的身体结构，这些结构很快就消失了。出乎意料的是，那些寒武纪幸存下来的所有动物门的基本身体结构没有发生重大变化。如果我们观察单个动物门，也会遇到同样的情况。现存节肢动物的纲在寒武纪已经出现了，它们有着与现在相同的身体结构。而寒武纪拥有奇怪结构的节肢动物在今天并不存在。我同意那些从证据中得出的结论，即寒武纪时期的身体结构的多样性要比现在多得多。此外，自寒武纪之后的 5 亿年间，没有出现过全新的身体结构。

这个令人困惑的问题的答案必须由发育生物学来回答。hox 基因和许多其他调控基因严格控制了门的发展。有迹象表明，自寒武纪以来，这一调控系统已相当严谨。因此，在后生动物起源的时候，调节系统的约束力显然是非常初级的。看似很小的突变就可能产生全新的结构。随着调节机制的日益完善，这种“构造自由”消失了。现在，也就是几亿年后，不同取食模式的慈鲷鱼类仍然可以进化出来，但它们仍然是慈鲷科鱼类。说现生动物群的身体结构与寒武纪时期的动物有同样的差异是完全不正确的。然而，当考虑发育分子生物学的最新发现时，寒武纪动物群的创新性和现生动物群的保守性之间的对比就不再是一个无法解决的谜题了。

协同进化

当两种生物相互作用时，比如捕食者和猎物、寄主和寄生虫、开花植物和传粉者，都会互相施加选择压力。结果是它们将共同进化。例如，猎物可能会发展出更好的逃跑机制，从而迫使捕食者提高自己的攻击能力。许多进化过程都是通过这种协同进化发生的。

植物花朵的传粉者，无论是蝴蝶、其他昆虫、鸟类还是蝙蝠，都适应了被传粉植物的花朵，而这些花朵又进化出一种使授粉更成功的方式。达尔文对兰花的授粉适应性进行过一项有趣的研究。自然界中发现的所有共生或互惠共生的情况都是由于自然选择而产生这种协同进化的。

植物通过产生各种有毒化学物质来保护自己免受食草动物的伤害，比如生物碱，这些有毒化学物质会让潜在的食草动物感到不舒服。食草动物会进化出解毒酶来解决这个问题。作为回应，植物又会进化出新的化学物质来保护自己。然后，食草动物必须再次进化出适当的解毒酶来对抗这些新的毒素。这样一系列来回的相互作用被称为“进化的军备竞赛”。生物之间这样的军备竞赛几乎是无穷尽的。例如，海螺通过进化出更坚硬的外壳以及各种各样的外壳结构来保护自己不受以海螺为食的螃蟹的伤害，这些外壳结构使得螃蟹更难以将其碾碎。反过来，螃蟹的爪子也会变得更强壮，进一步推动海螺长出更坚硬的外壳……

显然，对病原体来说，消灭宿主并不是最好的进化策略。事实上，进化出低毒性菌株是有好处的。有时我们可以观察到这种演变的发生。例如，当黏液瘤病毒被引入澳大利亚以控制兔子的疯狂扩张时，这种病毒最致命的毒株迅速杀死了它们的宿主兔子，以至于没有时间让病毒传播到其他兔子身上。结果，大多数高毒性菌株都灭绝了。被弱毒株感染的兔子存活时间较长，并为感染其他兔子提供了传染源。最终，毒性小得多的病毒株得以进化出来，只杀死了一定比例的兔子，而大多数兔子存活了下来。与此同时，最易感的兔子被杀死后，兔子种群进化为对黏液瘤病毒不太易感的种群。

欧洲大多数传染病目前都处于类似的稳定状态。几千年来，欧洲人已经对这些人类疾病有了一定的抵抗力，死亡率也相对较低。而 1492 年后首次与欧洲人接触的外国人却并非如此。在世界各地，特别是美洲，当地居民饱受欧洲传染病的折磨，尤其是天花。在哥伦布首次登陆巴哈马群岛时，美洲的土著人口估计为 6 000 万，但仅仅20年后就减少到了500万。这些疾病之所以如此致命，是因为印第安人没有与它们协同进化。当病原体在种群中传播时，他们失去了防御能力。

体内的寄生虫，如绦虫、吸虫和线虫，在定殖新的寄主后，趋向于逐渐变得具有寄主的特异性，从那时起，它们就会与寄主一起进化。当寄主分化成两个物种时，寄生虫在适当的时候也会这样做。因此，有时我们可以构建一个与寄主系统发育树平行的寄生虫系统发育树。但也有例外，因为偶尔也有寄生虫可能会寄生到一个完全不同的寄主谱系。体内寄生虫的情况同样适用于体外寄生虫，如虱子、羽虱和跳蚤。

共生

在进化论的讨论中，共生的压倒性作用没有得到足够的重视。共生是两种不同的生物在互惠共生系统中的合作。地衣，一个由真菌和藻类组成的复合体，是一个经常被引用的共生案例。共生现象在细菌中广泛存在，导致了整个细菌群落的进化，例如，在土壤细菌中，不同种类的细菌会产生对其他物种有用的不同代谢物。所有以植物和植物汁液为食的昆虫都有细胞内共生体，这些共生体能产生消化植物所需的酶。吸血昆虫通常也有促进血液消化的细胞内共生体。

地球生命史上最重要的事件——第一批真核生物的产生，显然是从真菌和古细菌之间的共生开始的，最终的结果是这两种细菌之间形成了嵌合体。其他事件导致共生的紫细菌结合进新的真核细胞中，形成线粒体；共生的蓝藻结合到真核细胞中成为植物的叶绿体。其他细胞器也是由共生体而来的。

进化的前进

进化意味着方向的改变。自 35 亿年前地球上出现生命和第一批原核生物（细菌）以来，生物变得越来越多样化、越来越复杂。鲸、黑猩猩和巨型红杉肯定与细菌有很大不同，我们该如何描述这种变化？

最常见的答案是，目前的生命更复杂。总的来说，这确实是正确的，但不是普遍正确的。许多线性谱系显示出了简化的趋势，比如洞穴动物和寄生虫等。但肯定有人会说，进化代表前进。脊椎动物和被子植物（开花植物）不是比“低等”动物、植物和细菌进化得更高、更先进吗？我们已经分析了这一说法，并说明了区分“更高”和“更低”是多么困难。事实上，原核生物作为一个整体，似乎和真核生物一样成功。

然而，每一步进化，一代又一代，最终导致了老鼠、鲸鱼、草和红杉的出现，可以说，这些都是在自然选择的控制下发生的。这难道不是必然地导致了每一个线性谱系一代又一代地稳步前进吗？答案是否定的，因为大多数的进化都是为了应对当前物理和生物环境的临时变化。因此，考虑到灭绝的极高频率和逆行进化的发生，人们必须放弃进化是普遍前进的这一想法。然而，当一个人在进化的特定时刻观察单个谱系时，可能会给出一个不同的答案。有相当数量的线性谱系群，在它们最繁盛的时期，我们完全可以称之为前进。

选择是否会带来前进并最终达到完美

在 18 世纪，人们普遍相信世界是由上帝完美地设计出来的，即使在那些完美尚未实现的地方，上帝也制定了最终将其引向完美的规则。这种信仰不仅反映了自然神学的思想，也反映了启蒙运动的乐观主义，以及在那个时期非常普遍的目的论思想。例如，拉马克的进化理论就假设了一个向着完美稳步上升的过程。现代进化论者反对进化最终能走向完美的观点。然而，他们中的大多数人认为，自生命诞生之初，就发生了某种进化的前进。随着时间的推移，从细菌到单细胞真核生物，最后到开花植物和高等动物的逐渐变化通常被称为前进进化（级进进化）。这类术语经常将人类作为这一系列进化历程的最后阶段，从爬行动物到原始哺乳动物再到胎盘哺乳动物，最后到猴子、猿和人。曾经有一段时间，几乎全世界都认为人是进化的顶点，任何事物都是朝着使人臻于完美的方向发展的。

从细菌到人类的这一系列变化不就证明了人类的进步吗？如果是这样，我们该如何解释这种看似前进的变化？近年来，人们出版了许多讨论进化的前进存在与否的书籍。在这个问题上有很大的分歧，因为“前进”这个词有很多不同的含义。例如，那些采用目的论思维的人会争辩说，前进是一种内在的驱动力，或者是对完美的追求。达尔文拒绝接受这样的因果关系，现代达尔文主义者也是如此。事实上，我们没有发现任何遗传机制可以控制这种驱动力。然而，我们也可以纯粹的从经验上把前进定义为获得某种程度上比之前更好、更有效的成就。“更高”和“更低”之类的术语受到了批评。对于现代达尔文主义者来说，这不是一个价值判断，“更高”意味着地质年代上更近或在系统进化树所处位置上更高。但是，在系统进化树中处于较高位置的生物体是否就意味着“更好”呢？有人声称，前进表现为更复杂、器官间分工更先进、环境资源的利用方式更好以及更全面的适应能力。这在某种程度上可能是正确的，但哺乳动物或鸟类的头骨远没有它们的早期鱼类祖先复杂。

前进概念的批评者指出，在某些方面，细菌至少和脊椎动物或昆虫一样成功，因此，为什么有人认为脊椎动物比原核生物更先进呢？至于谁是对的，很大程度上取决于一个人认为什么是前进。

如果观察进化序列，我们就不能否认一些最近进化出来的类群具有特别成功的生存适应能力。例如，与变温动物相比，温血动物更能成功应对气候和天气的波动。一个更大的大脑和更长时间的亲代抚育有利于文化的发展和种群的代代相传（见第 11 章）。这些进步都是自然选择的结果，幸存者比非幸存者有优势。从这种描述的意义上说，在某些系统发育谱系中，进化明显是前进的，就像现代汽车从早期的福特 T 型车基础上发展起来一样。每年汽车制造商都会有新的创新，然后这些创新就出现在市场的选择压力之下。许多具有某些创新的车型被淘汰，而成功的创新为下一阶段的创新奠定了基础。结果是，汽车一年比一年先进，变得更安全、更快、更耐用、更经济。现代汽车无疑代表着进步。如果我们把一辆现代汽车看作比福特 T 型车进步的代表，我们同样有理由把人类物种看成低等的真核生物和原核生物在进化上的前进。这完全取决于我们如何解释“前进”这个词。然而，达尔文的前进从来不是唯目的论的。

关于进化前进的定义有很多。我特别喜欢一个强调其适应性本质的观点：前进是“谱系通过增加在适应综合体中结合在一起的特征的数量，逐渐提高其适应性以适应特定生活方式的趋势”。

共生原核生物的结合显然是第一批原生生物的一个高度前进的步骤，最终引发了真核生物的巨大成功。其他经常被讨论的前进步骤还有：多细胞生物、高度特化的结构和器官的发展、恒温、高度发达的亲代抚育，以及大而高效的中枢神经系统。每一个新的前进步骤的“创造者”也非常成功，这有助于它们获得生态优势。事实上，每一次选择事件的主旨都是偏爱那些成功地找到解决当前问题的前进答案的个体。所有这些步骤的总和就是进化的前进。

继续类比，汽车的发展并不意味着取代其他的交通方式，比如步行、马、自行车或火车，它们都仍然与汽车共存，分别在特定的情况下使用。飞机的发明也没有使铁路或汽车被抛弃。生物进化也是如此。相当原始的原核生物在首次出现后已延续了 30 多亿年。鱼类仍然主宰着海洋，除了人类，啮齿动物在大多数环境中都比灵长类动物更成功。此外，正如洞穴生物和寄生虫所显示的那样，进化经常会倒退。然而，把从原核生物到真核生物、脊椎动物、哺乳动物、灵长类动物和人类的这一系列步骤称为前进也是很合理的。这一进程中的每一步都是成功的自然选择的结果。这一选择过程中的幸存者被证明比那些被淘汰的更优秀。所有“军备竞赛”的成功者都可被认为是前进的例子。

生物圈和进化的前进

大多数关于地球生命历史的描述都认为，环境是恒定的，但事实并非如此，特别是大气的成分发生了巨大的变化。在生命起源的时候（约 38 亿年前），大气大概是由甲烷（CH_4）、氨气（NH_3），氢气（H_2）、水蒸气（H_2O）混合组成。空气中几乎没有游离氧，蓝藻产生的任何物质都很快消失在各种沉积物中，其中以铁氧化形成的氧化铁最具代表性。这导致了所谓的条带状铁构造的沉积。地球海洋中可被氧化的铁大约在 20 亿年前就耗尽了。蓝藻持续生产的游离氧迅速将缺氧的大气转变为富氧的大气，这促成了丰富的多细胞动物群的进化。人们认为，所谓的寒武纪新动物模式的“大爆发”，是由同时期大气中氧气的富集促成的。

在过去的 5.5 亿年里，生物群的进化变化极大地影响了大气的组成。最重要的是植物对土地的征服（开始于大约 4.5 亿年前），丰富的被子植物森林的发展和它们吸收二氧化碳的能力，以及腐生细菌的进化。

沃尔纳德斯基是第一个指出产氧生物和耗氧生物之间协同进化的人，同时，他还指出了生物群对环境的逐渐变化和灾难性变化（如生物大灭绝）的反应。生物体只有在能够迅速产生自然选择所需要的适当变异时，才能对环境的变化做出反应。如果不这样做，它们就会灭绝。氧并不是环境与生物体进行活跃交换的唯一元素，其他的还包括钙（白垩岩、石灰岩、珊瑚、贝壳）和碳（煤、石油）。世界气候变化当然也会对进化产生很大的影响，特别是冰川作用和洋流的相关变化，尤其是在南极洲周围。

我们如何解释进化的趋势

通常，当古生物学家在比较连续地层中的近缘生物时，他们会发现某种“进化趋势”。例如，地质年代较近的生物的体型可能比它们地质年代较远的祖先生物更大。这种体型增大的进化趋势在动物谱系中非常普遍，这被称为柯普法则。进化趋势可以被描述为在一个线性谱系或一组近缘谱系中某一特征的方向性变化。例如，在一项对第三纪时期马的进化的研究中，研究者发现脚趾数量有减少的趋势，因此现代马由最初的五个脚趾演变为只有一个脚趾。与此同时，在某些血统的马中，有一种进化趋势是臼齿变得更长，并在一生中不断增长，这被称为冠高指数。人们在菊石、三叶虫和几乎所有类型的无脊椎动物中都发现了这样的进化趋势。大脑体积增大不仅是灵长类动物身上的进化趋势，也是第三纪哺乳动物进化的普遍趋势。一个特别受偏爱的特征的进化趋势也可以引发相关特征的相应进化趋势。换句话说，一个特定的进化趋势可能只不过是一个不同特征的进化趋势的副产品，比如体型。

有些古生物学家对有些进化趋势看似呈线性的现象感到困惑。他们声称，选择是一个过于随意的过程，无法解释这种线性关系。然而，这一观点忽视了一个事实，即生物体的一系列进化变化都受到严格的限制，正如马的身体大小对马牙齿大小所施加的限制所表明的那样。例如，飞行生物的体型就受到严格的限制，这就是为什么飞行脊椎动物（蝙蝠、鸟类、翼龙）的体型只有它们最大的陆地近缘类群的几分之一。此外，几乎所有的进化趋势都不是始终如一呈线性的，它们迟早会改变它们的方向，有时会反复改变方向，甚至可能完全逆转。

在目的论思想盛行的年代，进化趋势多被解释为内在倾向或驱动力的证据。这曾一度被用来作为直生论学派的主要证据（见第 4 章）。在这些进化趋势中，有些规律性的进化被这个学派解释为与达尔文的自然选择理论不相容。然而，随后的研究表明，这样的冲突并不存在。

迄今为止，我们还没有发现任何支持内在进化趋势存在的证据，而达尔文模式在适当考虑约束条件的情况下，完全可以解释这种进化趋势。现在很明显的是，所有观察到的进化趋势都完全可以被解释为自然选择的结果。

关联进化

生物体是一个精致、平衡、和谐的系统，任何一个部分的变化都会对其他部分产生影响。以马类牙齿大小的变化为例。牙齿变长需要更大的下巴，然后也需要更大的头骨。而为了承载更大的头骨，整个颈部都需要重构。更大的新头骨对身体的其他部分也会产生影响，特别是对运动的影响。这意味着，为了获得更长的牙齿，在某种程度上几乎整个马的身体结构都必须重构。这一点已经通过对高冠齿马解剖结构的仔细研究所证实。此外，由于整个身体结构必须重构，所以这种变化只能在数千代中逐渐、缓慢地发生。许多具有低臼齿的马的谱系因未能产生高冠齿所需的遗传变异而灭绝了。

从蜥蜴类爬行动物的四足行走到鸟类的两足行走和飞行，这一转变引发了相当大的身体结构重构：整个身体被压缩以获得更好的重心，发展出了更高效的四腔心脏，呼吸道（肺和肺泡）重组，恒温，视力改善和中枢神经系统扩大。获得所有这些适应是必要的。然而，细节往往是由限制条件和遗传变异的可用性决定的。

有时，表型的一个方面的发展可能会对身体的其他部分产生意想不到的影响。爬行动物的进化就很好地说明了这一点。爬行动物有两个主要分支：有一个颞骨开口的下孔亚纲和有两个开口的双孔亚纲。没有颞骨开口的龟鳖类动物过去被认为是一个古老的类群，在颞骨开口进化出来之前就分化了。然而，分子分析表明，海龟是双孔类动物，与现生爬行动物中的鳄鱼目有亲缘关系。显然，它们在获得甲壳的过程中失去了头骨的开口，这是减少所有对外开口的进化过程的一部分。顺便说一句，这也说明了一个分类学特征在进化过程中可能会发生多么剧烈的变化。

复杂性

许多早期的进化论者相信，进化在稳步地朝着越来越复杂的方向发展。事实上，已经在地球上存在超过 10 亿年的原核生物远没有其后进化的真核生物复杂。但在原核生物中，并没有迹象表明在它们漫长的存在过程中，复杂性在不断增加。人们也没有在真核生物中找到任何证据来证明这种趋势。

可以肯定的是，多细胞生物总体上比原生生物更复杂，但与此同时，有人在植物和动物中也发现了许多从复杂到简单的进化谱系。例如，哺乳动物的头骨远没有其盾皮鱼祖先的复杂。寄生虫因其许多物理和生理的简化而臭名昭著。无论往哪里看，我们都能同时发现简化的趋势和复杂化的趋势。所有假定所有生物存在着一种向更复杂方向发展的内在趋势的理论都不成立，把更大的复杂性看作进化前进的标志是没有道理的。

镶嵌进化

生物体以模式的形式进化，某些特征总是比其他特征面临着更大的选择压力，也进化得更快。例如，在人类的进化过程中，有些酶和蛋白质在600万年甚至更长的时间里都没有发生过变化，仍然与黑猩猩或比它们更早的灵长类祖先的酶和蛋白质相同。而人科动物的其他一些灵长类特征则发生了巨大的变化，其中中枢神经系统的变化最大。生活在澳大利亚的鸭嘴兽有毛发，用乳汁喂养幼兽，还具有原始哺乳动物的一些其他特征，但它们像爬行动物一样会产卵，而且还有一些“走入死角”的特征，比如毒刺和鸭嘴。这种生物体不同特征进化速度不均衡的情况被称为镶嵌进化，这可能会给分类带来困难。系统发育树新分支上的第一个物种将获得一个关键的衍生特征，但在其他方面可能与其姊妹种一致。秉持达尔文主义的分类学家通常会把这样一个物种与它的姊妹种划为一类，因为它们的大多数特征是一致的。然而，一个支序系统学家可能把它归为一个新的分支。

生物表型的不同组成部分的进化可能在某种程度上是相互独立的，这一事实为生物的进化提供了很大的灵活性。为了成功地进入一个新的适应区，一个有机体可能只需要改变其表型的一个有限的组成部分。始祖鸟就很好地说明了这一点，尽管它有鸟的羽毛、翅膀、眼睛和大脑，但它在许多方面（如牙齿和尾巴）的表现仍然是一种爬行动物。镶嵌进化更引人注目的是，不同蛋白质和分子的进化速度差异极大。

由于不知道如何解释镶嵌进化，遗传学家长期忽视了它。现在有人提出了一种“基因模块”理论，该理论假设了某些基因组（“模块”）的协同作用。在某种程度上，这些模块可以相互独立地进化。

多元化的解决方案

进化是一个充满机会主义的过程。每当有机会超越竞争对手或进入一个新的生态位时，选择就会利用表现型的任何特征努力获得成功。面对环境带来的挑战，生物体通常有几种不同的解决策略。

脊椎动物在三个不同的时期进化出了飞行能力，但是每一个飞行类群（鸟类、翼龙和蝙蝠）的翅膀都是不同的。不同类型的昆虫都继承了同一种祖先的飞行模式，但它们的翅的差异更大，如蜻蜓、蝴蝶和甲虫。

多元性是进化过程各个方面的特性。在大多数真核生物中，遗传变异是通过有性繁殖（重组）来补充的；而在原核生物中，遗传变异是通过单向基因转移来补充的。在大多数高等动物中，生殖隔离是受合子前隔离机制（如行为）影响的，而在其他动物中则是受染色体不相容、不育或其他合子因素影响的。在陆生脊椎动物中，物种形成通常是基于地理原因发生的，但在某些鱼类类群和寄主特异化植食昆虫类群中，物种形成是同域的。在某些物种中，基因流动非常少，而另一些物种则很容易扩散，因为整个物种的基因交流很频繁。此外，一些科有许多物种形成活跃的属，而另一些科只有几个古老的单型属。

鉴于这种疯狂的多元性，在微观和宏观进化的水平上，当不加批判地将基于一组生物体上获得的结论应用于其他生物体时，最好是非常谨慎。基于一组生物体的结论并不一定能反驳另一组生物体的不同结论。

趋同进化

趋同进化这一现象有力地说明了自然选择的力量。在不同的大陆上，同样的生态位或适应区经常被非常相似但完全不相关的生物体所占据。相同的适应区提供的机会导致了相似的适应表型的进化。这个过程被称为趋同。最著名的例子是澳大利亚的有袋类哺乳动物。这些本土哺乳动物，在本土没有胎盘哺乳动物的情况下，产生了类似于北部大陆胎盘哺乳动物的种类。与狼相匹配的是袋狼，与鼹鼠相匹配的是袋鼹，与鼯鼠相匹配的是袋鼯，还有其他一些不太相似的动物：老鼠、獾（袋熊）和食蚁兽（见图10-3）。

图 10-3 澳大利亚有袋哺乳动物（右）和其他大陆胎盘哺乳动物（左）的趋同进化

注：每一对在外形和生活方式上都很相似。图片来源：*A View of Life* by Salvador E. Luria et al. Copyright © 1981 Benjamin Cummings. Reprinted by permission of Pearson Education, Inc.

适应地下生活的物种分别在四个不同的哺乳动物目和八个不同的啮齿动物科中独立进化出来。这种趋同进化的情况并不罕见，实际上相当普遍。类似的例子还有：美洲豪猪和非洲豪猪，新大陆秃鹫（美洲鹫科，与鹳类近缘）和旧大陆秃鹫（鹰科，与鹰类近缘），以及以花蜜为生的鸟——蜂鸟（蜂鸟科 Trochildae）、非洲和南亚的太阳鸟（太阳鸟科 Nectariniidae）、澳大利亚的吸蜜鸟（吸蜜鸟科 Meliphagidae），和夏威夷的管舌鸟（管舌鸟科 Drepanididae）。任何知识渊博的动物学家都能列出好几页关于趋同进化的例子。

海洋中脊椎动物的趋同进化产生了鲨鱼、鼠海豚（哺乳动物）和已灭绝的鱼龙（爬行动物）。趋同进化现象不仅在许多动物类群中发生，植物中也有出现。美洲各种各样的仙人掌与非洲大戟科的类似植物也是趋同进化的（见图 10-4）。趋同进化现象很好地说明了自然选择如何利用生物体的内在变异，几乎为任何环境生态位“设计”出适应的物种模式。

多系与并系

前达尔文时期的分类系统中，趋同的类群由于拥有较高的相似度一般都被划分在一个分类单元中。这种划分在分类学中被称为多系。多系概念本身就与达尔文的理论格格不入，因为后者要求每个生物分类单元都是单系，即仅仅包含最近共同祖先的后代。笃信达尔文主义的分类学家们将多系类群进行了分解，将它们与真正的近缘类群放在一起。鲸和鱼类就曾被组合为多系，后来才分开。

图 10-4 类似的干旱地区适应的平行进化

注：（A）美洲仙人掌；（B）非洲大戟。图片来源：Photographs copyright 1992, Edward S. Ross. Reprinted by permission.

多系与并系需要仔细区分。并系指的是具有共同祖先的两个或多个分支单独进化出相同特征的现象（见图 10-5）。比如，突出的眼柄在几个无瓣类蝇类的谱系中独立而不规则地产生，因为它们从共同祖先那里继承了产生突眼的基因型。但是这种倾向仅仅在某些谱系中出现过。许多（也许是大多数）同质变异的背后都能发现并系的影子。在重建系统发育树的时候，除了表型，还要考虑祖先的基因型以及它们在表型变化上的潜在能力。

鸟类起源案例研究

并系的引入也许解决了系统发育学上的一个重大难题，即鸟类的起源问题。毫无疑问，鸟类起源于双孔类爬行动物的祖龙谱系，而鸟类起源的时间是争论的重点。早在 19 世纪 60 年代，赫胥黎就指出鸟类的骨骼与某些爬行动物的骨骼极其类似，并基于此提出了鸟类是恐龙进化而来的假说。后来也有其他学者提出了一个更早的起源假说，但近期支序系统学家不遗余力地支持恐龙起源说，使其成了接受度最广的理论。确实，鸟类与一些两足恐龙的骨盆和腿部结构具有惊人的相似性（见图 3-6）。

然而，他们的对手的论点也很有说服力，因为化石证据并不支持恐龙起源说。最像鸟类的两足恐龙出现在白垩纪晚期，距今大约 7 000 万到 1 亿年，而已知最古老的鸟类化石——始祖鸟生活在 1.45 亿年前。始祖鸟具有许多先进的鸟类特征，因此人们推断鸟类的起源肯定要比侏罗纪晚期早得多，也许是在三叠纪，但在那个时期还没有发现类似鸟类的恐龙。而且恐龙的趾骨是 2、3、4 趾

（1、5 趾退化），而鸟类的趾骨是 1、2、3 趾（4、5 趾退化）。此外，类鸟恐龙的前肢也大大退化，根本不可能预先适应变成翅膀。基于以上事实，恐龙起源说显得有些无力。这些只是否定鸟类白垩纪恐龙起源说的众多事实中的一小部分。在发现更多来自三叠纪的化石证据之前，这种争议不可能完全解决。

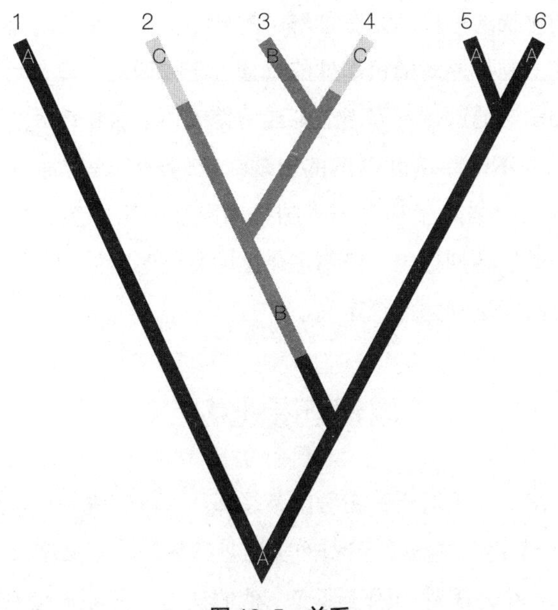

图 10-5 并系

注：相似表型的独立进化（2,4），是由于物种携带有与共同祖先的基因型相同倾向的基因（3）。

进化的法则存在吗

这是物理学家和哲学家喜欢问的一个问题。要回答这个问题，我们首先需要弄清楚“法则”一词是什么意思。物理学中的各种法则都可以用数学术语来表述，没有例外，这种情况在功能生物学中也存在。数学概括通常可以应用于生物现象，比如哈迪–温伯格定律可以用来描述等位基因在种群中的分布情况。相比之下，所有所谓的进化法则都是对随机事件的概括，与物理法则没有可比性。进化法则如多洛的进化不可逆法则或柯普的体型进化增大法则都是经验性的，并不排除例外情况的出现，它们与物理定律有本质的区别。经验性总结对于观测结果的排序以及因果关系的推断都有帮助。伦施曾经特别指出，所谓进化法则受到时空的极大限制，因此无法满足科学法则的传统定义。

偶然还是必然？

多年来，关于进化的主导因素是偶然（随机性）还是必然（适应性），一直存在着相当激烈的争论。狂热的达尔文主义者倾向于把生物的各个方面都归因于适应。他们认为，在每一代中，每个种群都存在激烈的竞争，幸存者可能只是百分之二、千分之二或百万分之二。他们声称，只有适应能力最完美的个体才能通过这种无情的淘汰幸存下来。这确实是那些坚持适应是进化的主导力量的人的强有力的论据。

不幸的是，那些严格的适应论者忘记了自然选择由两个步骤组成。可以肯定的是，对适应的选择在第二阶段是最重要的，而在第一阶段发生的是重组和变异，主导第一阶段的是随机过程（偶然）。正是这种变化的随机性造就了生命世界巨大而奇异的多样性。举一个单细胞真核生物（原生生物）的惊人的多样性的例子。马古利斯和施瓦茨认为在这个主要是单细胞真核生物的界中有不少于 36 个门核生物，其中许多是寄生的，包括变形虫、放射虫、有孔虫、孢子虫、疟原虫、鞭毛虫、纤毛虫、绿藻、褐藻、双鞭毛虫、硅藻、眼虫、黏菌和壶菌等。但是另一位专家认为原生生物有多达 80 个门。它们中有许多彼此之间是截然不同的，甚至对于其中一些类群，人们还在争论是否应该把它们与真菌、植物或动物归为一类。单细胞真核生物真的需要这么多不同的身体结构来适应吗？

多细胞生物的多样性更令人吃惊，不消多说像褐藻这样的多细胞原生生物，仅是真菌、植物和动物这三个丰富的多细胞界之间和内部的差异就已经让人目不暇接了。它们真的需要所有这些差异来适应吗？看看伯吉斯页岩化石中记载的那些奇葩物种，我们不禁怀疑，其中许多是由没有被自然选择淘汰的突变事故造成的。事实上，我有时会想，自然选择的淘汰过程可能根本没有我们想的那么残酷，偶尔也会“放放水”。此外，我们必须知道，即使是在进化的第二阶段，即生存和繁殖阶段，随机概率仍然扮演着不可或缺的角色。并不是每一代生物都要接受适应能力所有方面的测试。

或者让我们看看大约 35 个现生的动物门。它们是在寒武纪早期存在的 60 种或更多的不同身体结构动物的幸存后裔。当一个人研究它们的差异时，他不会得到这样的印象：它们是必要的。它们的许多甚至大多数独有的特征可能起源于一个被选择容忍的意外，而那些被灭绝的物种的失败可能只是源自偶发事件（如阿尔瓦雷兹生物大灭绝事件）。以上是古尔德在《奇妙的生命》中对随机性的总结，我认为，他在这一点上大体上是正确的。

人们可以从这些观察中得出这样的结论：进化既不是一系列偶然事件，也不是以更加完美的适应为目标的确定过程。可以肯定的是，进化在某种程度上是一种适应过程，因为自然选择在每一代中都起了作用。适应性理论之所以被达尔文主义者如此广泛地采纳，是因为它是极具启发性。对有机体的每一种特征的适应属性提出疑问，几乎必然将适应性理论又向前推进了一大步。然而，每个特征最终都是变异的产物，而这种变异很大程度上是偶然的结果。许多学者似乎难以理解看似对立的因果关系——偶然和必然可以同时发生作用。但这正是达尔文主义的精华所在。

我们能把这个结论也应用到人类身上吗？一些信奉进化偶发性的人曾声称："人不过是一种意外。"当然，这一结论与大多数宗教的教义完全冲突，这些教义认为人是创世活动的顶峰或者完美的终点。人类在过去 500 年里的成功——从人口增长和扩张范围的角度来看，似乎证明了人类适应环境的能力有多强。但从另一个角度来看，如果人类的出现是一个确定性的过程，为什么用了 38 亿年才产生呢？智人出现在约 25 万年前，在此之前，我们的祖先在动物界中并不出众。谁也没有料到，一个毫无防御能力、行动缓慢的两足动物会成为造物的巅峰。但是南方古猿的一支却通过某种方式获得了靠智慧生存的脑力。这难免让人觉得是一个偶然，但这并不是一个纯粹的偶然，因为从南方古猿到智人的每一步转变都是由自然选择推动的。

WHAT EVOLUTION IS

第四部分

人类的进化

11　人类是如何进化的

人一直被认为是与其他生物不一样的存在。不仅《圣经》里是这么说的，很多哲学家，从柏拉图到笛卡尔再到康德也这么认为。18 世纪，尽管有些哲学家将人类摆放到了自然尺度上，但这么做并没能影响大多数人的想法。他们认为，人类是神创造的万事万物中最辉煌的作品，与其他所有的动物具有本质区别，譬如人有灵魂。于是，当身处维多利亚时代的达尔文通过共同祖先理论将人类嵌入动物世界并作为某一灵长类祖先的后代时，当时的人们表现出了极大程度的惊讶和抗拒。与达尔文千方百计小心翼翼地表达自己的观点不同的是，他的追随者赫胥黎以及海克尔都相当坚定地宣称猿类是人类的祖先。达尔文最终在 1871 年出版的《人类的起源》一书中全面阐述了自己对人类进化的看法。

当然人与猿之间肉眼可辨的相似性也引起了早期博物学家的注意。比如，林奈就曾将黑猩猩归入人属。但是，不仅仅是神学家和哲学家，几乎所有人都有意无意地忽视这些相似性，拉马克关于人类进化的理论更是石沉大海。直到达尔文的共同祖先理论提出了所有生物都有共同的进化来源，人们才不得不开始正视人类起源于灵长类动物的事实。

什么是灵长类

灵长类动物（灵长目）是哺乳纲下的一个目，由原猴（狐猴和懒猴）、眼镜猴、新大陆猴、旧大陆猴以及类人猿组成（见表 11-1）。灵长目与其他哺乳动物的亲缘关系都不是很近，鼯猴（鼯猴科）和树鼩（树鼩目）算是与它们亲缘最近的物种。目前已知的最早的灵长类化石形成于白垩纪晚期。

距今 3 300 万到 2 400 万年前，类人猿从旧大陆猴中分化出来。化石证据表明，生活在渐新世晚期的古埃及猿已经具备了很多类人猿的特征。生活在距今 2 300 万到 1 500 万年前的东非土地上的原康修尔猿已经成了真的类人猿，它被认为是现代人类和非洲猿类的祖先，但非常可惜，在距今 1 350 万到 600 万年前的化石层中至今还未发现非洲类人猿的踪迹（见图 11-1）。

现生人猿总科主要分为两类，即非洲猿（大猩猩、黑猩猩以及人类）与亚洲猿（长臂猿和猩猩）。这两个类群之间存在明显的断层，它们的分离发生在大约距今 1 500 万到 1 200 万年之间。

表 11-1 灵长类动物的分类

- 灵长目
  - 原猴亚目
    - 狐猴型下目（狐猴科）
    - 懒猴型下目（婴猴科、懒猴科）
  - 跗猴型亚目（眼镜猴科）
  - 类人猿亚目
    - 阔鼻下目（新大陆猴）
    - 狭鼻下目（旧大陆猴）
      - 人猿总科（类人猿）
        - 长臂猿科（长臂猿）
        - 人科
          - 猩猩亚科（猩猩属）
          - 人亚科（非洲猿、人属）

注：灵长类的分类最初仅仅是基于形态上的差别。近年在分子生物学技术的帮助下，这些类群之间的亲缘关系以及单系性都得到了确认。

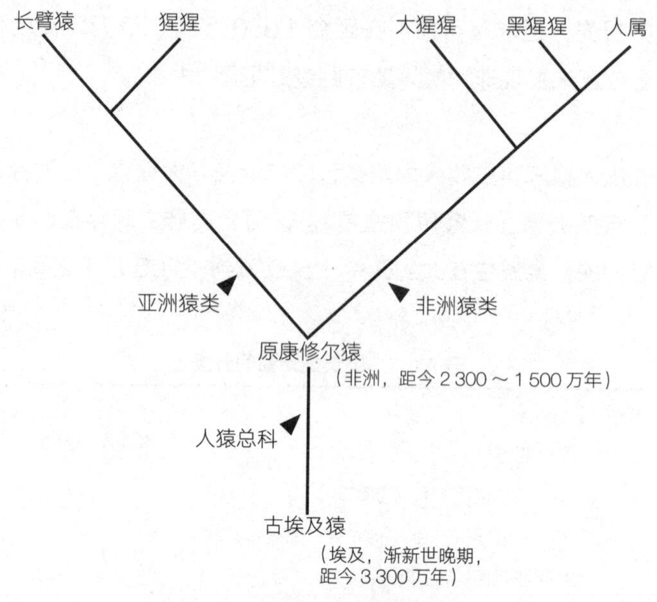

图 11-1 人猿总科的系统发育树

哪些证据支持人类起源于灵长类呢

恐怕稍微有点常识的人都不会再质疑人类起源于灵长类这一说法，确切地说是起源于类人猿。证据实在太多了，概括起来大概有三类。

第一类：解剖学证据。人类与非洲猿类，尤其是黑猩猩的解剖结构极其相似，即使在一些不起眼的细节上也是如此。欧文曾经以为他在大脑结构中发现了一个重大区别，但还是遭到了赫胥黎的否定：这种区别只存在于数量关系上，而不属于本质区别。不管人们如何努力，结果始终如一。人类和类人猿只在少数几个指标上存在严格的区别，包括前肢和腿的比例、大拇指的活动能力、毛发、肤色，以及中枢神经系统（尤其是前脑）的大小。

第二类：化石证据。1859 年达尔文提出进化论时，并没有发现化石证据支持现代人从类似黑猩猩的物种逐渐演变而来的说法，直到今天，距今 800 万到 500 万年间的化石证据依旧是缺失的，而那正是黑猩猩与人类出现分化的大概时间点。大多数的化石证据都出自 500 万年前至今的这段时间内，它们清晰地记录了黑猩猩和人类的中间过渡阶段。

第三类：分子进化证据。分子生物学最伟大的成就之一就是证明了大分子可以跟表型一样进化。因此，通过比较人类与类人猿的大分子，可以揭示出更多的有关人类进化的真相。研究结果显示，人类与黑猩猩在大分子水平上的相似程度超过其他任何物种，并且，非洲猿类与人类之间的区别也小于它们与其他物种之间的区别。这种相似度有多高呢？人类体内的某些酶和蛋白质与黑猩猩体内是一样的，比如血红蛋白。其他的差异并不是完全不存在，但极其细微，要远远小于黑猩猩与猴子之间的差异。

结合大量的解剖学、化石和分子证据，人类与黑猩猩以及其他类人猿之间的亲缘关系已确定无疑。对这种压倒性证据的质疑无疑是错误的。

人类是何时和黑猩猩分道扬镳的呢

换句话说，人类分支出现多久了呢？在人类起源于灵长类的学说出现之前，人们普遍相信人类出现的时间点很早，大约在距今5 000万年的第三纪。后来，随着化石证据的出现，以及人与非洲猿类之间越来越多的相似性被发现，这个时间点也逐渐被推后。在相当长的一段时间里，人们认为人类起源于1 600万年前。人们通过一项对DNA和蛋白质差异的研究最终确立了分子钟，将这个时间节点最终锁定在距今800万到500万年之间。这个时间节点陆续得到了一些其他研究方法的支持。并且，人们还发现人类与黑猩猩分离的时间节点要晚于黑猩猩与大猩猩的分离时间节点。这证明黑猩猩是与人类亲缘关系最近的动物，并且它与人类的亲缘关系比与大猩猩更近。

如何解读化石记录

在1924年以前，我们发现的人类化石数量很少，它们代表了人类进化的最新阶段，或者说人属物种的崛起。这些化石来自欧洲、爪哇和中国，因此当时人们普遍认为人类起源于亚洲。于是，大批科考队伍进入中亚，开始寻找相关的化石证据。当然，他们没有成功。一些有远见的学者通过人类与黑猩猩和大猩猩的关系意识到，非洲可能才是人类起源之地。但是直到 1924 年第一个原始人类化石（南方古猿非洲种）在非洲被发现，这个观点才算是有了实证。自那之后，来自非洲大陆的化石证据接连不断地出现。事实上，也只有在非洲，人们才发现了早于 200 万年的原始人类化石。现在，对于人类的非洲起源说，大家早已达成共识。

古人类的崛起

人类学文献中有个不成文的约定，即以发现年代的先后来讲述古人类的故事：先是尼安德特人（1849，1856），然后是直立人（1894 年爪哇，1927 年中国），接着是非洲南方古猿的发现（自 1924 年开始）。然而，作为研究进化的人，我认为更合理的方案应该是从最古老的化石开始，逐渐向更近的地质年代靠近。

在与原始人谱系分离之后，黑猩猩谱系又继续分化出两个异域物种。一种是黑猩猩 *Pan troglodytes*，它们分布广泛，横跨非洲大陆；另一种是倭黑猩猩 *Pan paniscus*，它们只生活在非洲中部刚果河西岸的森林里。这条河将两个物种分开了。比起黑猩猩，倭黑猩猩的某些行为与人类更为相似，但这并不能说明它们就是人类的祖先。黑猩猩与倭黑猩猩的分化发生在几百万年前，远远晚于黑猩猩与人类分开的时间。

如何重建类人猿到人类的进化历程

古人类学的使命之一就是重建类人猿到人的进化过程。早期研究化石的学者们大多接受过专业的解剖学训练，都可以胜任这项工作，并且他们能够专业地描述这种变化过程。但从另一个角度来说，他们也缺乏充分的准备。他们都是模式论者，只考虑从“猿”到“人”的变化，他们寻找的是类人猿到人类的转变步骤。与此同时，他们抱有一种目的论的信念，认为存在一种“变得更完美”的线性趋势，这个趋势最终在智人身上达到巅峰。

重建人类的进化过程异常艰难。首先，最早发现的化石是地质年代最近的，这导致我们的重建路线只能从人到猿逆推，而不是顺推。其次，我们找到的样本无法还原进化过程的连续性，化石记录的有限性当然是主要原因，却不是全部原因。有些化石类型分布较为常见和广泛，比如南方古猿非洲种、南方古猿阿法种及直立人。与此同时，它们每一种看起来都像一座孤岛，与它们最近的祖先及后代之间存在间断。这一点在南方古猿与人属之间特别明显。

什么是真正的化石证据

非常遗憾的是，在距今 1 300 万年至 600 万年的地层中，我们还没有发现黑猩猩和原始人类的化石。因此，人类与黑猩猩分支事件的历史对我们而言目前还是一个谜。更糟糕的是，大部分原始人类的化石都特别不完整，它们可能只包括一块下颌骨，缺失了脸和牙齿的头骨上部，或者四肢的一部分。想要补上这些缺失的部分就不得不依靠人的主观判断力。从古人类学出现以来，研究者一直趋向于将发现的每一块化石与智人进行比较，据此判断化石（或它的特定部分）是进化后的还是原始的（类人猿）。这些比较表明，原始人的进化倾向于高度“镶嵌”。一个非常接近人类的牙列可能与类人猿的四肢同时出现在同一具身体上，而且这种不协调性并不是孤例。

本书主要是对进化的概述，不可能给出对有争议的原始人类发现的所有解释的判断分析（实际上所有的解释都有争议）。对于非专业人士来说，这是令人困惑的。我深知这样做会招致批评，但仍然坚持挑选出我认为正确的解释呈现给大家。除此之外读者应当了解，所有化石给出的结论都是临时性的，新出现的任何证据都有可能改变先前的结论。诸如能人被临时归入南方古猿中，或者东非出现的原始人类是从非洲其他地区迁入的等观点最终都有可能被证明站不住脚。在这种混乱的情况下，不要把任何观点视为是绝对重要的。塔特索尔（Tattersall）和施瓦茨 2000 年对化石中呈现的原始人类的变异提供了非常有帮助的解释。以解剖学家的背景进入人科动物分类领域的人类学家必须牢记，包括南方古猿阿法种、直立人及能人在内的诸物种的分类名称并不是指某个物种模式，而是指某个种群或种群的集合。

自 1994 年之后的 7 年时间里，至少有 6 种新的人类化石被发现，这也说明我们对人类化石的认识是分散的、碎片化的，甚至没有人尝试将它们归入一个新的系统发育树中。而仅仅根据这些残缺的碎片，我们无法推断化石之间的差别是不是由地理因素造成的。

人类进化的阶段

就人类进化的总体趋势而言，化石记录提供了相当大的帮助。我在前人观点的基础上，尤其是整合了斯坦利（Stanley）和朗厄姆（Wrangham）的研究之后，提出了一个人类进化图谱，试图还原从猿到人的每个历史阶段。诚然，这里面有很多是我个人的推论，并且随时有可能被新的事实推翻，但我仍然觉得研究互不相干的碎片远远比不上将碎片连接在一起、串成一个完整的故事有价值。近期的研究实现了一个重大突破，即智人的出现是两次生态转移（栖息地偏好）的结果。根据这两个事件，我们可以把人类物种的形成过程分为前后相接的三段：

热带雨林阶段	黑猩猩阶段
热带稀树草原（乔木）阶段	南方古猿阶段
热带稀树草原（灌木）阶段	人类阶段

黑猩猩阶段 生活在热带雨林中的猿类利用肱骨在树木之间灵活移动。它们以软质水果和软质植物（树叶、植物的茎等）为食。较小的脑容量和明显的性二型现象是这一阶段类人猿的主要特征。它们一生的大部分时间都在树上度过，没有遭遇来自两足行走的选择压力。

南方古猿阶段 在距今约 800 万到 500 万年前，某些类人猿离开了它们熟悉的生活环境，在雨林外围散布有乔木的热带稀树草原上定居下来。那个时候的非洲大陆覆盖着大片长有乔木的热带稀树草原，这些走出雨林的类人猿进化成了南方古猿。它们的迁徙显然是很成功的，理论上讲，非洲大陆上应该到处都可以找到它们生活的痕迹，可惜的是目前我们仅在东非的埃塞俄比亚到坦桑尼亚一带，中非的乍得，及南非发现了南方古猿的化石。

为了适应新的栖息地，南方古猿不得不做出细微改变。在稀树草原上，树与树之间的间距增加，仅靠攀缘已经无法满足它们的移动需要，因此两足行走就成了第一个被选择的特征。但它们本质上仍然是树栖动物，巢穴仍然搭建在树上。可能两足行走对灵长类动物而言真的不是一个难题。在亚利桑那的菲尼克斯动物园里，我曾观察到蜘蛛猴就可以用两足行走相当长的距离。更长更硬的牙齿是另外一个被选择的性状，因为在相对干旱的草原上，南方古猿能找到的食物不如雨林中的柔软多汁，它们需要更加强壮的牙齿来对付坚硬的食材。有些人类学家认为，这些生物发现了很多植物的地下部分可以食用，比如块茎、根茎和球茎等，这些植物生长在更干旱的栖息地。在稀树草原上，诸如狮子、猎豹、野狗等能跑得过猎物的食肉动物很少，甚至根本不存在，而树木可以帮助猎物逃脱捕食者的追捕。综合以上种种，南方古猿保留了祖先的大多数特征，例如体型较小、两性差异较大（雄性体形超过雌性的 1.5 倍以上）、脑容量较小、前肢较长、后肢较短等。

南方古猿目前有详细记录的是两个体型纤细的种，一是分布在东非埃塞俄比亚和坦桑尼亚境内的南方古猿阿法种（距今 390 万～ 280 万年前），另一个是于南非的南方古猿非洲种（距今 280 万～ 230 万年前，见图 11-2）。它们的脑容量都不大，只有 430 万～ 485 立方厘米。尽管它们同属于南方古猿，但南方古猿非洲种生活的年代离我们更近，并且除了四肢的比例，它们与人类也更为相似。考虑到黑猩猩已经可以熟练地使用工具，人们认为南方古猿也应该具有这种技能。但到目前为止，研究者在南方古猿的活动区域还没有发现它们使用的片状石器。就算它们曾使用过其他材料制作的工具，比如木材、植物纤维或兽皮等，也都没有保留下来。而且我们确实没有理由不相信南方古猿曾经生活在整个非洲的带乔木的热带稀树草原上。

南方古猿基本上是素食主义者，它们的门牙和臼齿都比人类的大，远远超过了黑猩猩。

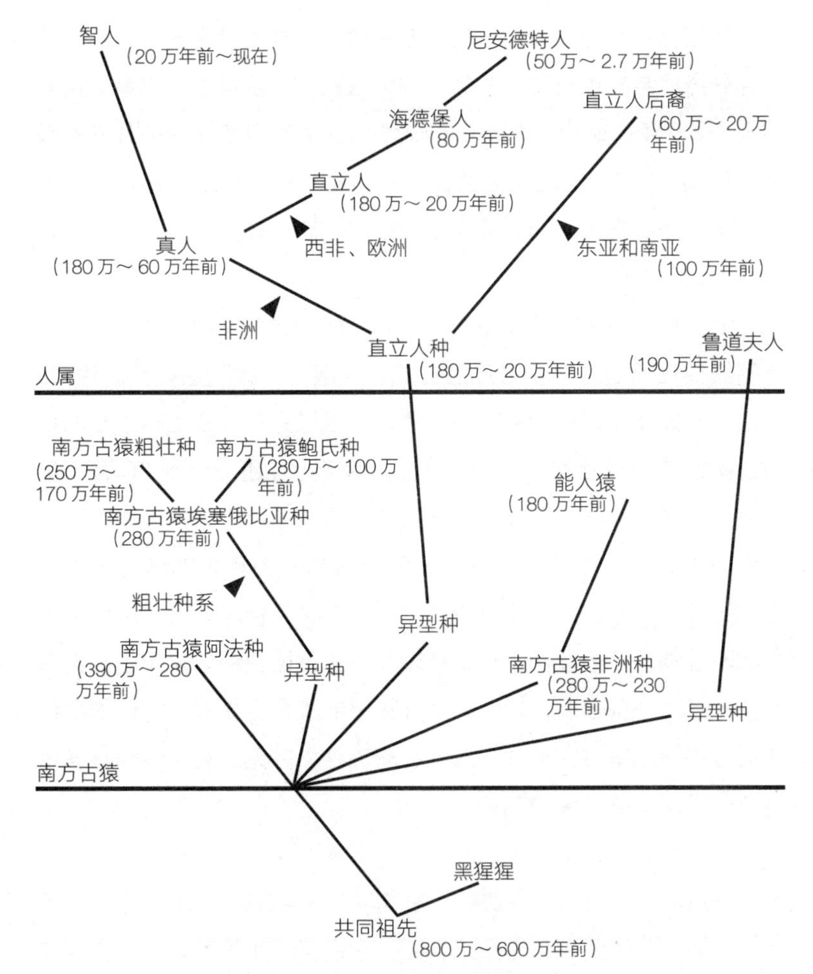

图11-2　原始人类系统发育的初步设想

注：它们发生的时间点很有可能会有变动，1990年以后命名的原始人类不包括在内。

尽管已经用两足行走，但南方古猿仍主要生活在树上，它们的大部分身体结构也与现代人类有很大区别，如手臂的长度等。据斯坦利 1996 年的研究，南方古猿雌性无法将幼崽抱在怀中（其前肢用于攀爬），它们的幼崽必须像猩猩幼崽一样牢牢地趴在母亲的背上，这就需要它们的幼崽至少要和猩猩幼崽一样强壮。

无论是在旧大陆还是新大陆，同一属的灵长类动物很少有两个不同物种生活在同一个区域的情况，但南方古猿就是这样。例如，在南方古猿非洲种生活的区域，还曾生活过另外一个比较强壮的物种：南方古猿粗壮种。又如，在东非发现了 280 万～100 万年前的南方古猿鲍氏种和南方古猿阿法种，以及随后而来的人属。还有一支更古老的强壮种，是生活在距今约 280 万年前的南方古猿埃塞俄比亚种，但它们与南方古猿鲍氏种的关系很难厘清。尽管南方古猿粗壮种系（粗壮种、鲍氏种以及埃塞俄比亚种）算得上孔武有力，但各种证据表明，它们是爱好和平的素食主义者。它们的身体结构与纤细型南方古猿（阿法种、非洲种）并无二致，但也有学者将它们纳入了傍人属的范畴。

纤细型南方古猿（阿法种、非洲种）生活在距今 390 万～230 万年之间。从体型和脑容量来判断，它们仍然属于类人猿。在存在的大概 160 万年的时间里，它们基本没有发生大的变化，处于进化停滞期。需要注意的是，生活在非洲南部的非洲种和生活在非洲东部的阿法种之间存在差异，尽管它们生活在不同时代，但这种差异可能要归因于气候和其他环境条件引起的地理变化。在这个阶段，南方古猿向人类的进化处于停滞状态。

南方古猿是猿还是人

自南方古猿非洲种于 1924 年被发现开始，这个问题就成了一个热议话题。当然，答案取决于南方古猿与人属 *Homo* 或黑猩猩属 *Pan* 的差异性分析。自人属被并入人猿总科以后，身体直立与两足行走就成了人类特有的标志。而由于南方古猿也具有这两个特征，所以南方古猿就被划入了人类。从 19 世纪末到 20 世纪末，两足直立行走都被认为是一个非常重要的特征。当时的解释是，直立解放了双臂和双手，使制造与使用工具成为可能，而这些活动对大脑功能提出了更高的要求，又促使脑容量增加。因此，两足直立行走被认为是人类进化道路上最为关键的步骤。

到今天，这些推理已经不再具有那么大的吸引力了。南方古猿用两足行走了足足 200 万年，但它们的脑容量根本没有增加。而对工具的使用也变得不再重要，因为人们发现黑猩猩和鸦科鸟类以及其他一些动物都或多或少都具有使用工具的能力。此外，除了两足行走以及一些牙齿特征外，南方古猿几乎具有黑猩猩所有的其他特征。最为重要的是，它们都缺乏人属的典型特征：它们的脑容量不够大，不会制造片状石器，性二型现象十分明显，前肢长后肢短，体型都较为矮小。此外，我们还必须弄清楚两种两足行走物种的区别，一种是树栖的南方古猿，一种是完全陆地行走的人类。在黑猩猩与人类之间，南方古猿显然更接近前者。确实，从南方古猿演变为人属的阶段显然是人类进化史上最重要的事件。

征服灌木热带稀树草原

人类历史总是无可避免地受到环境的影响。250 万年前，由于北半球进入冰川期，处于热带的非洲大陆的气候开始恶化。随着气候变得越来越干旱，稀树草原上的乔木开始大批死亡，逐渐被灌木所取代。失去了树木的庇护，猛兽来袭时，南方古猿退无可退，丧失了防御能力。草原上的狮子、猎豹、鬣狗和野狗，只要是跑得比它们快的，都会直接威胁到它们的生命安全。它们既没有角或尖锐的牙齿作为武器，也没有力量与潜在的敌人搏斗。不可避免的，大部分的南方古猿都在数十万年的植被更替中灭绝了。但也有例外，一部分带乔木的稀树草原幸存了下来，进而也让一些南方古猿存活了一段时间，包括能人（猿）和两个粗壮种（傍人）。

然而，对人类进化史来说更重要的是，一部分南方古猿种群利用它们的智慧发明了成功的防御机制而生存了下来。至于这些机制是什么，我们目前只能推测，可能有投掷石块、用植物或木材做成原始武器，也可能像西非的黑猩猩一样使用长棍、带刺的树枝，甚至使用像鼓一样可以发声的乐器。可以肯定的是，火是最有效的防御手段。由于没有了树林，它们只能在空地上安营扎寨，在火的保护下休息。同时，它们还首次制作出了片状的石器，很可能它们的长矛就是使用这种尖利的石片制作出来的。于是，这一部分南方古猿的后代开始了向人类的进化，得以生存下来并日渐壮大。树栖的两足直立行走的南方古猿进化为完全陆地两足直立行走的人属动物。

这种转变是人类进化史上最根本的转变。这一转变远远大于从热带雨林向带乔木的稀树草原迁移，进而获得人属 *Homo* 一系列重要特征进化的那次转变。比如，直立人的脑容量迅速增长，增加了一倍多。两性的体重差别也由原来的雄性高出雌性 50% 降到高出雌性 15%。直立人的牙齿，特别是臼齿，变小了很多。其他变化还包括前肢变短、腿部变长。早期人类似乎不仅用火来防御野兽的进攻，还学会了用火烹饪食物。传统上认为牙齿尺寸变小很大程度上依赖于肉类在食谱上的增加。但厄朗姆等人也曾提出植物性食物经过加工变软是人类牙齿变小背后更重要的原因，但是这个假设里充满了矛盾。比如，人类对火的驯服是何时开始的，这本身就是一个谜题，一些早期记录都已经被推翻。而且，如果火的使用对人类的进化如此重要，那么早期的人类应该能够熟练使用火来防御和烹饪，但这一点目前无法证明。

人类的起源

化石记录了人类的进化史，但我们只发现了冰山一角。大约

200 万年前，一种很特别的原始人突然出现在非洲东部。刚被发现时，它们被描述为能人，但很快人们就意识到以能人命名的标本之间差别太大了，它们不可能属于同一个物种，于是脑容量较大的标本被分离出来，称作鲁道夫人。随着越来越多的标本出现，人们对能人以及鲁道夫人的定义也发生了巨大的改变。能人仅限于身材较小的标本，这些能人标本的脑容量依次只有 450 立方厘米、500 立方厘米以及 600 立方厘米，和南方古猿大致相同，而鲁道夫人的脑容量已经达到了 700 ～ 900 立方厘米，与能人相比，可谓“量”的飞跃（见表 11-2）。除了脑容量，鲁道夫人在很多方面都与南方古猿不同，比如它们的前肢更短、腿更长、臼齿更小且门牙更大。而最初被认为是能人使用的石器也被发现是鲁道夫人的首创，至于能人，现在更倾向于把它们当作南方古猿晚期的一支。

但是，到目前为止，我们对鲁道夫人的情况仍感到困惑，因为它们似乎并不是从东非或南非的任何已知的南方古猿物种进化而来的，它们更像是从非洲其他地区侵入了东非。我们当然可以说，在带乔木的稀树草原还没有消失的西非和北非存在南方古猿的亚种或者异型种，可我们目前还没有发现相关化石。但至少我们能够猜测，人类应该起源于这样一个边缘性种群，唯有如此才能解释，作为一个先进很多的物种，原始人类为什么会突然出现在东非。斯垂德和伍德（Strait and Wood，1999）曾给出了一条截然不同的早期原始人类活动的解释，他们的理论基于这样一个假设：原始人类只发生于非洲发现原始人类化石的地区。

表 11-2　人类支系脑容量的增长趋势

物种	体重（千克）	脑重量（克）
猴	4.24	66
大猩猩	126.5	506
黑猩猩	36.4	410
南方古猿阿法种	50.6	415
鲁道夫人	---	700～900
直立人	58.6	826
智人	44.0	1250

直立人也有类似的历史，他们显然与鲁道夫人大约在同一时期起源于非洲，但它首次被发现是在爪哇和中国，在非洲并没有发现早期化石。最早的代表非洲直立人谱系的是真人（约 170 万年前），他们被认为是直立人的一个亚种。我们推测正是真人在 190 万～ 170 万年前从非洲扩散到了亚洲。

直立人无疑非常成功。他们是第一批走出非洲的原始人。我们在全世界多个地点发现了直立人的化石，包括东亚（北京）、爪哇、格鲁吉亚（高加索地区，约 170 万年前），以及东非和南非。除了分布广泛，他们还相当稳定，在至少 100 万年的时间里没有发生重大变化。在非洲发现的、距离现在最近的直立人化石（约 100 万年前）已经显示出了他们的身体结构向智人发展的趋势。这与“智人起源于非洲”的说法不谋而合。直立人可以使用简单的石器工具，并且他们对火的使用显然已经十分熟练。能够使用火很可能是人类进化道路上的关键步骤。

在热带稀树草原上的乔木被灌木替代的过程中，原始人类的脑容量开始了史无前例地增长。由于失去了树林的庇护，在被食肉动物追逐时，南方古猿再也“无树可栖”，但幸好他们还有创造力。在这种状况下，他们的脑容量经受了巨大的选择压力，不得不快速增长。第一种人类的脑容量大小记录了这一点。鲁道夫人（190 万年前）的脑容量已经达到了 700 ～ 900 立方厘米，几乎是南方古猿平均值（450 立方厘米）的两倍。直立人的大脑容量也呈现出了类似的疯狂增长态势，最终达到了 1 000 立方厘米以上。

脑容量的增加受基因控制，并对新生儿及其母亲的生理结构带来了新的挑战。完全的陆地生活方式对这种转变起到了正向作用。由于不再需要吊在树枝上，母亲的前肢得到了解放，有了新的用途。对于没有具备这个特征的南方古猿来说，树栖生活要求他们的幼崽像黑猩猩的幼崽一样强壮，这样才能够牢牢地趴在妈妈的背上。受到骨盆大小的限制，母亲的产道无法容纳过大的头部通过，因此，南方古猿的新生儿的脑容量既要满足自身的生存需求，又不能发育得过大以至于无法通过产道。

在人类祖先的整个进化史上，脑容量增长最快的时期发生在人属分化出来的时候。鲁道夫人以及直立人都依靠各自的聪明才智顽强地在强敌环伺的环境中生存下来。一定有巨大的选择压力助推了大脑容量的增大。但这种增大也带来了新的问题：新生儿的脑容量大就意味着头部尺寸越大，但古生物学家的研究显示，直立的姿势以及两足行走的移动方式都与产道的尺寸增加不相容。因此，大脑的发育必须转移到新生儿出生后的时期，换句话说，婴儿必须尽早出生。幸运地是，母亲的双臂已经从丛林生活中解放出来，可以用于照顾新生儿。因此，可以说，“早产”是博弈情形下赢面更大的选择。走出丛林，转向完全的陆地生活，这种转变一定曾给人类带来过巨大的艰难和痛苦。处于转变期的新生儿和母亲，都必须扛着巨大的选择压力，迅速调整策略并尽快适应新的环境。如果新生儿脑容量过大，无疑会极大地增加生产过程的风险。只有大脑的快速发育阶段转移到出生之后，才能给新生儿带来一线生机。因此，每一个人类的新生儿基本上都是一个早出生了 17 个月的“早产儿”。这种转变对母亲的影响也是巨大的，母亲的体型必须更大，以配合更重的新生儿，母亲还必须长时间照料新生儿，这直接导致了性二型现象明显减少。

换句话说，人类的新生儿在 17 个月大的时候才能获得黑猩猩的新生儿刚出生时就拥有的行动能力与独立性。那么“早产”的人类新生儿是否适合生存呢？比如，早产的人类新生儿亟需保暖，早期人类的婴儿也是如此。为了应对这种选择压力，他们获得了一层皮下脂肪，可以有效地御寒，同时也省去了一身毛发。毫无疑问，这种生产方式的改变也需要一系列的变化来配合，特别是母亲的产道与孩子的生长速度。但是，在短短几百万年的时间里，在产道大小几乎没有增加的情况下，人类的脑容量还是显著地增加了。这种大脑发育的延迟导致新生儿的大脑容量在出生后的一年里几乎增加了一倍。

直立人的后裔

正如物种进化中经常发生的一样，经过短暂的井喷之后，直立人的进化停滞了下来。除了脑容量的增加，从直立人与智人几乎没有发生太大变化。直立人是已知最早的高度扩散的原始人类，他们的足迹遍布中国北部、东南亚、欧洲和整个非洲，在广泛的范围内进化出了不同的地理种族。我们甚至还发现了大量丰富的证据，记录了从直立人到海德堡人再到尼安德特人的逐渐进化过程。这些过渡性原始人类分布广泛，从英国（斯旺斯孔布）、德国（施泰因海姆）、希腊（佩特拉罗纳）到爪哇（昂栋）。

这些过渡期人类都被统称为“古尼安德特人”。他们从更像直立人逐渐变为更接近于典型的尼安德特人。我们几乎可以肯定，在欧洲和近东，直立人的西方种群最终形成了尼安德特人。但我们目前对南亚和非洲的直立人后代仍然一无所知。

尼安德特人的繁荣期约在 25 万～ 3 万年前。大约 10 万年前，据称来自撒哈拉以南非洲地区的智人占领了尼安德特人的生活区域，而这批智人的起源时间大概在距今 20 万～ 15 万年之间。很明显，智人起源于非洲的直立人。他们从亚洲的直立人中分离出来已至少 50 万年，在此期间，他们获得了现代人类的特征。智人迅速发展壮大并最终冲出了非洲，走向全世界。他们在距今 6 万～ 5 万年前到达澳大利亚，在 3 万年前来到亚洲，而到达北美的时间大概是 1.2 万年之前。但是也有一些证据显示，早在 5 万年前，他们就已经征服了美洲大陆。

欧洲的原始人类年代比较复杂。尼安德特人的踪迹曾遍布欧洲，从土耳其、伊朗北部、巴勒斯坦到整个地中海北岸、中欧，以及西欧的西班牙和葡萄牙。对牙齿以及他们居住地遗迹的分析显示，尼安德特人主要是肉食动物。也许对大型动物的大肆捕杀最终使他们陷入了缺少食物的绝境，但我们并没有找到这方面的证据。大约在 3.5 万年前，走出非洲的智人来到了西欧，在与尼安德特人共存了几千年之后，后者神秘地灭绝了。我们尚未搞清楚尼安德特人消失的原因（也许是气候的变迁、文化劣势，甚至是智人的种族灭绝行为）。对线粒体 DNA 的分析显示，尼安德特人与现代智人的谱系分离发生在大约 46.5 万年前。

进入西欧的早期智人被后世称作克罗马农人，他们非常成功，但在占领西欧近 10 万年的时间里，他们的身体结构，特别是脑容量（1 350 立方厘米），都没有出现明显的变化。在拉斯科岩洞与肖维岩洞里发现的壁画显示，他们曾拥有过高度发达的文明。

人类从类人猿进化成现代人的历史伴随着剧烈的体型变化。最明显的改变莫过于从南方古猿半树栖的生活方式到人属的完全的陆地生活方式的转变。且人类的大脑容量在 400 万年的时间里增长到了原来的 3 倍，催生了令人震惊的文明。这些变化的速率并不是均匀的，尤其在向人属转变的过程中出现了明显的加速。南方古猿在 200 万年的时间里没有发生明显变化，而人属出现之后，就出现了一些新的变化，尽管我们到现在都没搞清楚能人、鲁道夫人以及直立人之间的关系。人属是严格意义上的陆生物种，而且显然比类人猿具有更大的脑容量。而直立人之后又进入了一段长达 150 万年的平台期，期间发生的变化相对较小。

在从类人猿到人的进化过程中，人类表型各个组成部分的变化是高度不统一性的（镶嵌进化）。很多基本的酶和大分子，例如血红蛋白，根本没有发生变化。而且，人类的基本解剖结构与黑猩猩仍然十分类似，这也是林奈执意将黑猩猩划入人属的原因之一。但是，大脑的进化速度超过了其他所有器官和组织。大脑的变化始于 240 万年前，但在最近的 50 万年中突然加速。那么，人类的大脑到底有什么特别之处呢？

大脑

人类大脑的复杂性超越一切想象。一个成人的大脑包含约 300 亿个神经细胞（神经元）。人类高度发达的大脑皮层包含大约 100

亿个神经元以及 1 000 万亿个突触。每个神经元都由一个主干（轴突），以及若干个分支（树突）组成，轴突和树突再通过突触与其他神经元连结。神经元的电生理学特性已经被研究得十分透彻，但目前我们还不知道它们的认知功能。比如，突触显然对记忆形成十分重要，但我们不知道它是如何做到的。

长期以来，人们一直认为是我们的大脑使我们成为真正的人类。除此之外，我们身体的其他部分都与其他动物相差无几，甚至处于下风。从根本上来说，人类的大脑与其他哺乳动物的大脑非常类似，但它们的大脑要小得多，也简单得多。人类大脑真正的特别之处在于，其中包含许多（可能多达 40 种）不同类型的神经元，其中有一些可能是人类特有的。

自从 15 万年前智人出现起，人类的大脑的进化就处于停滞状态。这个发现听上去有些出人意料。人类的文明发展史历经原始的狩猎文明，到后来的农耕文明，再到现代的城市文明，不断递进，但人类的大脑容量并没有继续增加。似乎在更大、更复杂的社会中，更大的大脑已不再具有生殖优势。这表明，在原始人类谱系中，并没有脑容量稳定增长的目的论趋势。

曾经，两足直立行走和使用工具被认为是人类进化道路上最重要的步骤。之后人们发现，直立行走的南方古猿是猿而不是人，而且黑猩猩及其他一些动物也可以使用工具，这个观点就被放弃了。

与之形成对比的是，人类大脑容量的快速增长与人类进化史中的两次飞跃似乎有着紧密的联系，一是人类从树栖生活方式中解放出来，二是人类的交流系统——语言的发展。那么这些到底都是怎么发生的呢？

独特的人类

确定了类人猿是人类遥远的祖先之后，一些学者接着提出“人类不过是一种动物”，这未免有些偏颇。正如神学家与哲学家经常宣称的一样，人类和其他动物确实不同，人类是独一无二的。这是我们作为人类的骄傲，也是桎梏。

前文中我列举了人类与其类人猿祖先渐行渐远的过程，现在我再来谈谈人类的独特性，其中大脑容量的快速增大与亲代抚育的延长是绕不开的重点。大多数无脊椎动物（特别是昆虫）从卵中孵化出来时，就已经失去了父母。新生儿的所有行为信息全都包含在DNA当中。它们在相对短暂的一生中能够学到的东西非常有限，而且无法遗传给后代。只有在亲代抚育行为高度发达的物种，比如某些鸟类和哺乳动物中，它们的幼崽才有机会从父母、兄弟姐妹及其所属的社会群体的成员身上不断学习来增加自己的遗传信息。这些信息可以在这个群体中代代相传，而不必包含在DNA中。然而，在大多数动物中，通过这种非遗传信息传递系统传递的信息量是十分有限的。相比之下，人类已经将这种文化信息的传递常态化。

这种能力也有利于语言的发展，甚至可以说这是语言出现的必要条件。

虽然我们经常把“语言”这个词与动物的信息传递系统联系起来，比如“蜜蜂的语言”，但实际上所有的动物只有发送和接收信号的系统。而一个信息交互系统要想发展成为语言，必须具备句法和语法。近半个世纪以来，心理学家一直试图教黑猩猩掌握语言，但都徒劳无功。黑猩猩似乎缺乏能够理解并运用语法的神经，因此它们无法区分过去与将来。我们的祖先发明了语言，早在文字与印刷术出现之前，他们就有了丰富的口述传统。而语言的发展又对大脑容量的增加施加了巨大的选择压力，尤其是那些涉及信息存储（记忆）的部分。伴随着脑容量的增加，艺术、文学、数学和科学的发展成为可能。

很多温血脊椎动物（鸟类和哺乳动物）都有思考与运用智慧的能力。但人类的智力似乎在数量级上超过了那些最聪明的动物。化石记录中记录的关于大脑进化的“故事”实在令人惊讶。早期，人们认为直立行走解放了人的双手，使人类可以从事更精细的活动，这是促使大脑容量增加的主要因素。但直立行走的南方古猿的脑容量大多小于 500 立方厘米，只比黑猩猩稍大一些。那到底是什么原因促使人类的大脑容量发生了如此显著的增加呢？显然，与很多有争议的问题一样，有不止一个因素涉入其中，而且它们可能在人类进化的不同阶段发挥作用。

人类进化过程的平滑连续性是基于模式思维提出的。但是，早在达尔文时代之前就有博物学家指出，高等生物不是以模式存在的，而是以可变的种群存在的。他们作为地理上可变的物种存在，通常有一个连续分布的中心种群团，周边被产生隔离的奠基种群和异型种包围。有很多证据表明，分布广泛的物种的进化改变相对较小，但进化事件往往发生在边域（边域物种形成）（见第9章）。我们有充分的理由相信，人类的进化与物种形成过程与大部分陆生脊椎动物遵循了相同的模式。

边域形成的新物种往往非常成功，它们会超越亲代物种的分布范围，甚至取而代之。化石记录中，这样的事件表现为一个明显的间断，即亲代物种与子代物种之间的“骤变”。事实上，这只是地理上的转换。比如，我们可以假设，来自西非与北非的南方古猿非洲种的一个异型种，逐渐进化出了人属的特征，然后迅速进入东非，成为我们熟悉的鲁道夫人。

这一设想与达尔文的解释之间并不矛盾，因为鲁道夫人在地理隔离成种的过程中，存在着完整的种群连续性。而我们能够得出的结论是，不能将人类进化看作局限于单一的地理区域的时间维度上的线性模式物种进化过程，而应该以更开放的眼光，将人类进化看作一个多维的一系列地理物种形成事件，只有如此，才能够解释人类进化史上的众多谜团。

在严酷的自然选择压力下，南方古猿的脑容量从小于 500 立方厘米增加到了 700 多立方厘米，这标志着他们已经步入人属的行列。在人类历史的这个阶段，智力显然成了决定生死存亡最重要的因素。鲁道夫人和直立人是这个新的人类进化阶段首次破记录的物种。然而，奇怪的是，在鲁道夫人的脑容量出现第一次井喷式增大之后，直立人的脑容量在大约 100 万年的时间里缓慢增大，到直立人晚期上升到 800 ～ 1 000 立方厘米，最终智人的平均脑容量达到 1 350 立方厘米。尼安德特人比智人更高、更强壮，他们的脑容量达到了 1 600 立方厘米，但他们的脑相对人体的比例比智人小。

工具文明

人种的区别在某种程度上是通过他们使用的工具识别出来的。在非洲奥杜韦文化中发现的人类最早的石器，早先被认为属于能人，现在则被普遍认为属于从能人中分离出来的鲁道夫人。直立人能够制造更精密的工具，被称为阿舍利文化。直立人存在的 150 万年间鲜少发生变化，仅仅在地理分布上有些变动。尼安德特人的石器制作工艺更加先进，被称为莫斯特文化。智人（特指克罗马农人）出现以后带来了代表顶级石器文化的奥瑞纳文化。令人感到困惑的是，在某些尼安德特人的洞穴中出现了奥瑞纳人的石器，也许他们之间曾经发生过交换也未可知。

人 属

早期的人类物种鲁道夫人和直立人的脑容量并没有达到尼安德特人（1 600 立方厘米）和智人（1 350 立方厘米）的水平。但是从南方古猿（450 立方厘米）到鲁道夫人（700 ～ 900 立方厘米）这种近乎倍增的变化，比从 900 立方厘米增加到 1 350 立方厘米要难得多，我认为这种变化意义非凡。一个属通常代表着一个生态单位，也意味着环境适应方式上的显著差异。“人属”这个名称确实有这样重要的意义。它标志着摆脱对树木的依赖。一旦实现了这种独立性，只要进化单位足够小，能够对自然选择作出反应，智力提升就会得到重视。当大脑容量的进一步增长无法继续获得繁殖优势时，它的增长也就结束了。

20 世纪中叶，随着对温血脊椎动物的认知能力以及情绪的理解逐步深入，人们认识到这些动物与人类之间在这些方面高度相似。但由于早期研究执着于发掘人类的唯一性，因此这些相似性被认为是动物的“拟人化”行为。现在，回想人类的进化历史，这种相似性也谈不上有多奇怪。

人类与温血脊椎动物的相似性同样表现在大部分非物理结构的人类特征上。心理学家早已证明，很多哺乳动物和鸟类（比如乌鸦、鹦鹉等）也具有高度发达的智力。并且现在人们意识到，许多动物也具有恐惧、快乐、谨慎、抑郁等与人类相似的情感。虽然并不是所有的文献中对这种现象的观察记述都是严肃而可信的，但是确实有许多案例经过了认真观察和验证。很显然，这些特征不可能都是智人分化时骤变产生的。因此，我们在很多动物的祖先身上发现这些特征也是正常的。

人类伦理的进化

人类伦理是如何产生的？在进化领域恐怕很难找到比这更具争议性的话题了。自 1859 年以来，人们开始怀疑利他行为是否也是自然选择的结果，虽然这些质疑被一次又一次地否定掉，但经常有人问：难道利己行为不是唯一可以得到自然选择青睐的行为模式吗？那究竟什么是利他行为，如何定义它？利他行为的形成是由遗传物质决定的还是完全基于教育和学习的影响？

或许我们可以合理地承认，在对各种动物的类似行为进行研究之前，我们还没有能力回答这个问题。我们必须能够区分不同种类的利他行为，并对不同利他行为的受益者进行分类。

传统的利他行为是指由利他者以一定代价完成的对接受者有利的行为。这个定义基本将所有没有显著成本的善举都排除在外。而事实上，在一个社会群体里，很多行为都是没有明显代价的善意行为。这一类举动不仅对群体的凝聚力至关重要，同时也让利他行为不再局限于这种严格的定义。

三种利他行为

在对各种利他行为进行比较之后，我们根据它们的利他程度和进化意义将它们分为三类。

第一，为直系后代谋取利益的利他行为。这类利他行为一向受到自然选择的青睐，这一说法显然无需任何论证。父母为了改善子女的福祉以及生存状态所做的任何事情都有利于他们的基因型的传递。

第二，对旁系亲属的利他行为（亲缘选择）。一个社会群体是由无数个家庭组成的，家庭成员之间具有部分相同的基因型。他们之间的任何利他行为也是自然选择青睐的。这种利他行为大多发生在兄弟姐妹之间。霍尔丹可能第一个指出了，个体对亲属的支持行为也会间接地使自身受益，原因是亲属之间共享了一部分基因型（包括适合度选择）。汉密尔顿将其应用于解释膜翅目社会性昆虫中存在的世袭制度，也印证了这个理论的合理性。然而，关于远亲之间这种互利互惠是否存在，仍然颇有争议。

第三，同一社会群体成员之间的利他行为。社会群体中除了具有亲缘关系的家庭成员之外，还包括迁入者，即从其他群体转入并寻求认同感的个体。更多的劳动力或潜在的繁殖者往往可以帮助群体发展壮大，在意识到这一点之后，群体成员就会对迁入者产生一定的包容性。事实上，自然选择更倾向推动群体中的所有成员之间建立友好合作的关系。目前我们还不清楚一个社会群体内旁系利他行为和群体成员利他行为的广泛程度。

互惠帮助 社会群体成员之间的相互帮助显然能够提高社会群体的凝聚力。在社会性动物中，我们经常能观察到，一个人帮助另一个人，期待受助者未来在某个场合会回报他的帮助。这种行为也被称作互惠利他行为，但由于预期的互惠性，这种行为的动机显然是一种利己行为。这种相互的帮助行为不仅存在于同一个群体的个体之间，有时也会发生在不同群体甚至是不同物种的个体成员之间。比如清洁鱼（霓虹刺鳍鱼）会帮助大型肉食鱼类清理牙齿，保护它们免受外来寄生虫的感染，并以此换取食物和庇护，这正是互惠利他主义的体现。人们甚至可以将所有的共生相互作用都划入这个类别。

对外来群体的行为 社会群体成员之间的利他行为很少会延伸到外来群体中。社会群体之间大多是竞争关系，并经常发生竞争。毫无疑问，人类的进化历史就是一部种族灭绝的历史。这个结论也同样适用于黑猩猩。既然如此，其他群体的成员又是如何成为利他行为的接受者的呢？这种对外的利他行为又是如何形成的呢？很显然，真正的伦理只有在社会群体“自私”的利他行为的基础上加上受众更广泛的利他行为，才能发展起来。

那么这种对外的利他行为又是如何在人类物种中确立起来的呢？自然选择参与这一过程吗？学者们不是没有尝试过解决这个问题，但都不是很成功。我们很难建构一种场景，在这种场景中，对竞争对手和敌人的仁慈行为可以得到自然选择的奖励。在这方面，阅读《旧约》是很有趣的，在书中，我们可以看到群体成员是多么的内外有别。这与《新约》中宣扬的伦理完全相反。耶稣关于仁慈的撒玛利亚人的寓言与传统大相径庭。对陌生人的利他行为是一种不受自然选择支持的行为。

对内的利他行为倾向是真正的伦理道德进化的一个重要组成部分。除此之外还需要文化因素的辅助，需要宗教领袖或是哲学家的传道授业。伦理不是由进化自动产生的。真正的伦理都是文化思想的结晶。我们对外的利他行为倾向不是与生俱来的，也没有刻写在我们的基因里，而是通过文化学习获得的。这要求我们将天生的利他行为转向一个新的目标：外来群体。

不同个体的利他行为倾向存在巨大的差异。有的时候我们会遇到集善良、利他、慷慨以及合作等品质于一身的人，有学者们将这归因于天生。反社会人格是另一个极端的存在，许多罪犯都有类似的病态倾向，对这些个体的教育基本不可能获得成功。剩下的大多数人都处于这两种极端之间，他们真正的伦理标准（包括对外的）都是通过学习获得的。在美国犹他州，摩门教的伦理标准被广泛采用，因此犹他州犯罪率很低，这正说明了后天学习的影响。

人类的伦理建设注定是一场艰难的斗争，原因在于人类天生的对外的不信任与敌意都太难消除。但也有一些因素有助于促使人们采用一定的道德规范，如无论是对内还是对外的互惠帮助行为都是有利的。然而更重要的是人类种群的多样性。每一个种群中都会出现性格极其友好的个体，他们有助于在种群之间架起桥梁。这种多样性，以及对这种多样性的认识，有助于我们抛弃那些僵化的、模式化的标签，比如种族。

对外来群体的歧视也许是无法在世界范围内建立一种通用的人类伦理规范的主要原因。但随着更多基本的社会准则深入人心，比如平等、民主、宽容以及保证人权，这种歧视正逐渐得到改善。世界几大宗教在道德教育方面都堪称楷模。

人类与环境

人类全能的大脑赋予了我们不断创新的能力，人类对环境的依赖程度也越来越低。除了人类之外，还没有其他物种能够在所有的大陆上适应所有的气候条件而生存下来，也没有其他物种能够取得如此强大的对自然的控制权。但是，过去 50 年证明了，人类依然强烈地依赖着大自然，而人类也正在为过度支配自然付出高昂的代价。人类为了构筑现代文明所支付的成本包括对不可再生资源的过度开采以及对可再生资源的持续破坏，包括水污染和空气污染，自然环境正在加速退化，进化的成果即动植物的多样性也在加速减少，还有诸如贫民窟和棚户区这样骇人听闻的社会存在。

人类的未来

关于人类的未来，最受关注的有两个问题。第一个问题，人类物种分裂成几个新物种的概率有多大？答案是：完全没可能。现在的人类占据了从极地到热带的所有人类生物能够占据的全部生态位。而且，在全球化的今天，人类种群之间根本不存在地理隔离的可能性。在过去的10万年间，无论何时遭遇地理隔离的人类种群，一旦重新建立联系，他们就很容易与其他种族杂交。在现代，人类种群之间的交流不是太少而是太多了，任何可能导致物种形成的有效的长期隔离都不再存在。

第二个问题，现在的人类还有机会进化成更好的新物种吗？人类会变成超人吗？在这一点上，你最好不要抱着这种无谓的希望。人类的基因库里的确包含了丰富的变异，这些都是自然选择的原材料。然而，今时不同往日，直立人变成智人时生活的世界里，每个物种都是由很多小的部落组成的，每个部落都面临着巨大的自然选择压力，经受过自然选择的淘汰最终形成了智人。此外，就像大多数群居动物一样，人类毫无疑问也经受了很强的群体选择。

现代人类身处巨型社会当中，没有任何迹象表明，对优越基因型的自然选择会允许人类物种超越目前的能力。由于选择无法起作用，人类物种也就没有机会进化成更高级的新物种。很多研究这个问题的学者担心，在这种巨型社会的模式下，人类物种的退化不可避免。但考虑到人类基因库中的高变异性，遗传退化并不是一个迫在眉睫的危机。

人类有种族吗

当人们把因纽特人、布须曼人、尼罗河黑人、澳大利亚土著或金发碧眼的北欧人放在一起进行比较时，任谁都能一眼看出所谓的种族差异。那这与我们追求的人人平等的信念矛盾吗？当然不矛盾，前提是我们需要正确地定义平等与种族。

平等体现在公民权利上，意味着法律层面上的平等，也意味着机会面前人人平等。但平等并不意味着“零差别”，因为我们知道，在地球上生活的全部人中没有任何两个人的基因是完全相同的。不是所有人都像爱因斯坦一样是数学天才，也不是所有人都拥有奥运短跑运动员的爆发力，或者优秀小说家的想象力，或者杰出画家的审美能力。所有的父母都知道他们的孩子是独一无二的。在当下这个时代，我们必须诚实地正视和面对这些差异性。与此同时，我们也必须承认，这样的差异也存在于所有的人类种族中。

种族问题存在的根源在于很多人对种族这一概念的错误理解。这些模式论者认为，每一个种族个体都具有该种族所有真正的和虚构的特征。打一个不太恰当的比喻，他们会认为任何一个非裔美国人在百米赛道上都会超过任何一个欧洲裔美国人。但是，假设在多种族人口混合的学校里，依据学生的脑力、体力、动手能力以及创造力等方面的表现排序，你会发现每个排名都是不同的，而且每个种族在排名中的分布都是分散的。也就是说，只要抛弃将每个种族的成员视为某一特定的模式的想法，而代之以根据其特定能力来衡量每个个体的方法，就能够避免打标签式的僵化排序及这种排序引发的任何歧视。

人类是孤独的吗

我们经常会自问：人类是浩瀚宇宙中唯一的智慧生物吗？为了找到这个问题的答案，我们首先要把题目拆分成几个部分。生命在哪里存在？只有在行星上，因为太阳的温度实在是太高了。很多恒星周围都有绕轨道运动的行星，但我们直到近 20 多年才开始发现太阳系以外的行星。到目前为止，我们发现的所有行星都不具备生命起源与发展的条件。地球上具备的有利于生命起源和发展的宜居环境（也许火星和金星也曾有过）是非常独特的。但是考虑到行星数目众多，所以其中一些行星具备适合生命起源的环境是很可能的。

在宜居星球产生生命的概率又有多大呢？应该挺高的。许多生命起源所需的大分子在宇宙中分布广泛，比如嘌呤、嘧啶和氨基酸等。实验室的研究更是表明，在某些缺氧的大气条件下，简单的小分子可以自发形成复杂的有机分子。因此，可以想象，也许一些原始的生命形式曾在其他行星上起源了多次。如果进化过程顺利，最终一定会产生类似细菌的生物。

从细菌到人类的进化之路漫长而艰难。在地球出现生命后的十亿年里，原核生物是唯一的生命形式，高等智慧生物在大约 30 万年前才开始出现，并且是地球上曾经出现过的超过 10 亿种物种中的唯一一种。无论怎么讲，人类的出现都是一件极其幸运的事。

就算在无尽宇宙的某个角落也出现了类似人类智慧起源的事件，我们能够与之交流的概率也几乎等于零。由此可见，人类注定孤独。

进化必然发生

进化通常被认为是一件意想不到的事。反进化论者总是在问：静态的世界难道不是更自然吗？在我们了解遗传学之前，这也许真的是个问题，但现在不是了。从生物体的结构来看，进化必然会发生。每一个生物体，即使是最简单的细菌，都有一个基因组，由数千到数百万个碱基对组成。每一对碱基都有一定的概率发生突变。不同的种群会发生不同的突变，如果这些种群之间缺乏交流，就会一代代渐行渐远。这一过程听起来似乎非常简单，但这就是进化。

如果在这个基础上再加上重组和选择，进化的速率就会呈指数级增长。因此，仅是遗传机制的客观存在，我们就无法假定世界是静态的。进化不是猜想或者假说，它是显而易见的事实。

“进化论”这个词是否应该继续用下去非常值得探讨，进化已经发生，而且一直在发生，这是一个压倒性的结论，仍然称其为理论恐怕已经不合适了。当然，进化中的一些具体话题在科学界还存在争议，比如共同祖先、生命起源、渐进性、物种形成以及自然选择。但是，即便对这些理论的争议也丝毫不能动摇“进化”是事实的结论，它从生命起源那一刻就开始了。

12　进化生物学的前沿

尽管科学一直在向前发展，我们对这个世界的了解依然太少。因此，我们必须问问自己，对进化，我们又究竟了解多少。

必须强调的是，分子生物学的发展使进化研究变得更加深入，也使更多的人对进化过程产生了兴趣。在《分子生物学》杂志上，现在发表的学术论文中至少有 1/3 会或多或少地涉及进化的话题。分子生物学技术的发展解决了很多以前让人一筹莫展的难题，比如系统发育问题、进化年表问题，以及个体发育在进化中的作用等问题。

当我们回顾过去 140 年间发生过的争议时，最引人注目的仍然是曾饱受质疑却屹立不倒的达尔文进化论。它的三个主要竞争对手——骤变论、拉马克进化论与直生论，在 1940 年之前都已退出了历史舞台，而在过去的 60 年中还没有可以替代达尔文进化论的新理论出现。但这不意味着我们已经完全理解了进化。我在这里将列举一些需要进一步研究和解释的进化问题。

首先，我们对生物多样性的了解还远远不够。尽管我们已经发现了将近 200 万种动物，但动物物种总数估计有 3 000 万种。真菌、低等植物、原生动物以及原核生物等对我们来说都是很陌生的领域。尽管分子生物学对这些类群的系统发育关系研究做了一定贡献，但我们对这些类群仍知之甚少，甚至一无所知。令人遗憾的是，化石记录一如既往地匮乏，包括原始人类的化石记录也是如此。几乎每个月世界上某个地方都会发现新的化石，它们或者能够解释一些既有问题，又或者会抛出几个新问题。而过去生物群的起起落落也引发了人们对生物大灭绝，以及对不同生物谱系的不同命运的拷问。即使在这种记叙性的层面上，我们都显得很无知。当然，进化理论在某些方面也存在不确定性。

尽管异域物种形成以及植物中的多倍体成种现象是物种形成的主要形式，我们对其他形式的物种形成的频率仍然不是特别确定，比如同域物种形成等。某些鱼类中出现的极其快速的（不到一万年甚至一千年）物种形成过程究竟是哪些因素造成的，目前也不清楚。

某些谱系（活化石）出现的惊人的进化放缓或停滞也相当令人费解，尤其是考虑到同一生物群中的其他物种都在以正常的速度进化。另一个极端是，奠基种群中某些基因型重组的速度之快，令人瞠目。

所有谜题似乎都可以归因于基因型的结构。分子生物学已经发现了各种各样的基因，有的负责物质的生产（譬如酶），有的负责调节其他基因的活动。大多数基因不是持续活跃的，它们只是在特定的细胞（组织）和特定时间节点活跃。也有一些基因看起来是中性的，而相当大比例的 DNA 似乎是完全不活跃的。因此，基因组成了一个庞大而复杂的交互系统。由于基因之间存在多重相互作用的关系，这个系统受到了高度限制。它可以应对一些影响或环境压力，尽管大部分应对会造成个体与环境的不平衡，并最终被选择淘汰。

有迹象表明，在后生动物出现之初，基因型受到的限制没那么严格。因此，在前寒武纪晚期到寒武纪早期的 2 亿～ 3 亿年前，涌现了 70 ～ 80 种新的结构模式。后来有大约 35 种保留了下来，并且在之后的 5 亿年里，这 35 种结构基本没发生过巨大的变化。然而，这些幸存的结构模式中有明显的适应辐射，如昆虫和脊椎动物。那我们该如何解释这种进化速度的明显变化呢？

进化思想的实用性

进化思想，尤其是进化生物学出现之后的新概念，如种群、生物学物种、趋同进化、适应及竞争等，对大多数人类活动是不可或缺的。我们用进化思维和进化模型来应对病原体对抗生素的耐药性和农作物害虫对杀虫剂的耐药性，对疾病媒介进行控制（如疟蚊），对人类流行病进行监控，完成人工遗传育种以及更多的挑战。

科学家关注进化是为了更好地理解进化现象是如何影响以及渗透到现实世界当中去的。同时，进化研究也为人类福祉做出了很大贡献。进化思想极大地丰富了生命科学的其他分支。例如有大约1/3 的分子生物学出版物都会援引进化理论来解释分子的性质与历史。在对进化问题的研究中，将基因归类并研究其在系统发育中的作用，这激发了发育生物学的活力。进化思想还让我们对人类自身的历史有了深入的了解。没有什么比对动物行为的比较研究更有助于我们理解人类的心理、意识、利他行为、性格特征和情感等特征了。

我们一定不能忘记，基因型是个和谐的、相互作用的系统，它作为一个整体受自然选择的影响。一个基因型在与其他基因型的竞争当中一旦落于劣势，就难逃被自然选择淘汰的命运。

生物学还试图对其他三个复杂系统进行解读，分别是发育系统、神经系统以及生态系统。这涉及了三个主要的生物学分支学科。发育系统的研究是发育生物学的任务，神经系统是神经生物学的研究课题，生态系统是生态学的研究范畴。但最终，决定有机体如何应对来自这三个系统的挑战的是它们的基因型。我们对上述三个领域已经有了基本的了解，但对这些系统各组成部分的相互作用的调控仍知之甚少。很显然，进化生物学将为此做出重大贡献。

致 谢

我自 20 世纪 20 年代开始就对进化产生了兴趣，我所学到的大部分知识都归功于我不再能亲自感谢的进化思想大师。他们当中有杜布赞斯基、费希尔、霍尔丹、戴维·拉克（David Lack）、迈克尔·勒纳（Michael Lerner）、伦施、莱迪亚德·斯特宾斯（Ledyard Stebbins）和埃尔温·施特雷泽曼（Ervin Stresemann）……这份名单很长，上面所列的这些名字只是当下浮现在我脑海当中的一部分。他们是一群伟大的思想家，是他们建构了现代达尔文主义。

我很感谢众多的进化论学者，他们通过提供信息或批评性评论帮助我完成了这本书，这些人包括：阿亚拉、瓦尔特·博克（Walter Bock）、弗雷德里克·布克哈特（Frederick Burkhardt）、史密斯、内德·科尔贝特（Ned Colbert）、F. 德瓦尔（F. DeWaal）、戴蒙德、弗图摩、M. T. 盖斯林（M. T. Ghiselin）、G. 希里韦特（G. Giribet）、维恩·格兰特（Verne Grant）、古尔德、哈特尔、F. 雅各布（F. Jacob）、T. 容克尔（T. Junker）、马古利斯、罗伯特·梅、阿谢尔·迈耶（Axel Meyer）、约翰·莫勒（John A. Moore）、E. 内沃（E. Nevo）、戴维·皮尔比姆（David Pilbeam）、威廉·舍普夫（William Schopf）、华莱士以及爱德华·威尔逊、朗厄姆和埃尔伍德·齐默尔曼（Elwood Zimmermann）。

在位于比较动物学博物馆的恩斯特·迈尔图书馆工作的馆员在文献和其他方面提供了大量帮助。Deborah Whitehead，Joohee Lee 和 Chenowoth Moffatt 编写了手稿，并以许多其他方式为稿件的完成做出了贡献。Doug Rand 在灾难性的状况下保存了插图的电子文档。最后，我非常感谢 Basic Books 出版社及其编辑人员，尤其是 Jo-Ann Miller，Christine Marra，John C. Thomas 在整个编辑过程中付出的辛苦劳动。

未来，属于终身学习者

我这辈子遇到的聪明人（来自各行各业的聪明人）没有不每天阅读的——没有，一个都没有。巴菲特读书之多，我读书之多，可能会让你感到吃惊。孩子们都笑话我。他们觉得我是一本长了两条腿的书。

——查理·芒格

互联网改变了信息连接的方式；指数型技术在迅速颠覆着现有的商业世界；人工智能已经开始抢占人类的工作岗位……

未来，到底需要什么样的人才？

改变命运唯一的策略是你要变成终身学习者。未来世界将不再需要单一的技能型人才，而是需要具备完善的知识结构、极强逻辑思考力和高感知力的复合型人才。优秀的人往往通过阅读建立足够强大的抽象思维能力，获得异于众人的思考和整合能力。未来，将属于终身学习者！而阅读必定和终身学习形影不离。

很多人读书，追求的是干货，寻求的是立刻行之有效的解决方案。其实这是一种留在舒适区的阅读方法。在这个充满不确定性的年代，答案不会简单地出现在书里，因为生活根本就没有标准确切的答案，你也不能期望过去的经验能解决未来的问题。

而真正的阅读，应该在书中与智者同行思考，借他们的视角看到世界的多元性，提出比答案更重要的好问题，在不确定的时代中领先起跑。

湛庐阅读 App：与最聪明的人共同进化

有人常常把成本支出的焦点放在书价上，把读完一本书当作阅读的终结。其实不然。

时间是读者付出的最大阅读成本

怎么读是读者面临的最大阅读障碍

“读书破万卷”不仅仅在“万”，更重要的是在“破”！

现在，我们构建了全新的“湛庐阅读”App。它将成为你“破万卷”的新居所。在这里：

- 不用考虑读什么，你可以便捷找到纸书、电子书、有声书和各种声音产品；
- 你可以学会怎么读，你将发现集泛读、通读、精读于一体的阅读解决方案；
- 你会与作者、译者、专家、推荐人和阅读教练相遇，他们是优质思想的发源地；
- 你会与优秀的读者和终身学习者为伍，他们对阅读和学习有着持久的热情和源源不绝的内驱力。

下载湛庐阅读 App，
坚持亲自阅读，
有声书、电子书、阅读服务，
一站获得。

CHEERS

本书阅读资料包

给你便捷、高效、全面的阅读体验

本书参考资料

湛庐独家策划

- ☑ 参考文献
  为了环保、节约纸张，部分图书的参考文献以电子版方式提供
- ☑ 主题书单
  编辑精心推荐的延伸阅读书单，助你开启主题式阅读
- ☑ 图片资料
  提供部分图片的高清彩色原版大图，方便保存和分享

相关阅读服务

终身学习者必备

- ☑ 电子书
  便捷、高效，方便检索，易于携带，随时更新
- ☑ 有声书
  保护视力，随时随地，有温度、有情感地听本书
- ☑ 精读班
  2~4周，最懂这本书的人带你读完、读懂、读透这本好书
- ☑ 课　程
  课程权威专家给你开书单，带你快速浏览一个领域的知识概貌
- ☑ 讲　书
  30分钟，大咖给你讲本书，让你挑书不费劲

湛庐编辑为你独家呈现

助你更好获得书里和书外的思想和智慧，请扫码查收！

（阅读资料包的内容因书而异，最终以湛庐阅读App页面为准）

图书在版编目（CIP）数据

恩斯特·迈尔讲进化 / (美) 恩斯特·迈尔 (Ernst Mayr) 著 ; 贾晶晶译. -- 杭州 : 浙江教育出版社, 2023.2
ISBN 978-7-5722-5335-5

Ⅰ. ①恩… Ⅱ. ①恩… ②贾… Ⅲ. ①物种进化—普及读物 Ⅳ. ①Q111-49

中国国家版本馆CIP数据核字(2023)第015590号

浙江省版权局
著作权合同登记号
图字:11-2022-401号

上架指导：科普 / 进化论

恩斯特·迈尔讲进化
ENSITE MAIER JIANG JINHUA
[美] 恩斯特·迈尔（Ernst Mayr）著
贾晶晶　译

责任编辑：刘姗姗
文字编辑：陈　煜
美术编辑：韩　波
责任校对：胡凯莉
责任印务：陈　沁
封面设计：湛庐文化
出版发行：浙江教育出版社（杭州市天目山路 40 号　电话：0571-85170300-80928）
印　　刷：天津中印联印务有限公司
开　　本：880mm ×1230mm　1/32
印　　张：11.25　　字　　数：239 千字
版　　次：2023 年 2 月第 1 版　　印　　次：2023 年 2 月第 1 次印刷
书　　号：ISBN 978-7-5722-5335-5　　定　　价：89.90 元

如发现印装质量问题，影响阅读，请致电 010-56676359 联系调换。